U0168939

配电网实用技术丛书

10kV 及以下架空配电线路运行与维护

陕西省地方电力（集团）有限公司培训中心　编

中国能源研究会城乡电力（农电）发展中心　审

中国电力出版社

CHINA ELECTRIC POWER PRESS

内 容 提 要

　　为加快高素质技能人才队伍培养，提升配电网技术人员职业技能水平，陕西省地方电力（集团）有限公司（简称集团公司）按照四支人才队伍建设总体思路，由陕西省地方电力（集团）有限公司培训中心组织集团公司系统的管理、技术、技能和培训教学等方面的专家，立足地电实际，面向未来发展，策划编写了《配电网实用技术丛书》。丛书包含配电、变电、自动化、试验等分册，每本书涵盖了单一职业种类的基础知识、专业知识和专业技能。

　　本书为《配电网实用技术丛书　10kV 及以下架空配电线路运行与维护》分册。全书共分九章，分别是架空配电线路组成，架空配电线路主要设备，配网自动化，10kV 及以下架空线路施工与验收，架空配电线路运行与维护，架空配电线路检修和事故处理，功率因数、线损、电能质量及供电可靠性，常见仪表使用，安全工器具。

　　本书适用于供电企业有关专业技术人员、生产一线配网作业人员自学阅读，也可作为电力企业配网岗位技能培训和电力职业院校教学参考之用。

图书在版编目（CIP）数据

10kV 及以下架空配电线路运行与维护 / 陕西省地方电力（集团）有限公司培训中心编. —北京：中国电力出版社，2020.6（2023.8重印）
　（配电网实用技术丛书）
　ISBN 978-7-5198-4576-6

　Ⅰ.①1… 　Ⅱ.①陕… 　Ⅲ.①架空线路–输配电线路运行②架空线路–配电线路–维修 　Ⅳ.①TM726.3

中国版本图书馆 CIP 数据核字（2020）第 065523 号

出版发行：中国电力出版社
地　　址：北京市东城区北京站西街 19 号（邮政编码 100005）
网　　址：http://www.cepp.sgcc.com.cn
责任编辑：王　南（010-63412876）
责任校对：黄　蓓　王海南
装帧设计：王红柳
责任印制：石　雷

印　　刷：北京天宇星印刷厂
版　　次：2020 年 6 月第一版
印　　次：2023 年 8 月北京第二次印刷
开　　本：787 毫米×1092 毫米　16 开本
印　　张：11
字　　数：255 千字
印　　数：3001—3500 册
定　　价：50.00 元

版 权 专 有　侵 权 必 究

本书如有印装质量问题，我社营销中心负责退换

《配电网实用技术丛书》编委会

主　任　刘玉庆

副主任　盛成玉　孙毅卫　冯建宇

委　员　宋建军　耿永明　张长安　李建峰　刘　波

　　　　黄　博　曹世昕　李忠智　郭　琦　康党兴

　　　　孙红涛　张利军　刘　斌　黄　瑞　孙振权

　　　　杨立刚　邹　峰　马岩浩　朱　涛　华云峰

　　　　王　栋

《10kV及以下架空配电线路运行与维护》编写组

主　　编　曹世昕

副主编　李　军

参编人员　李　敏　高阿孝　魏拥军　武　曌　宋明明

　　　　　李政龙　李小磊

前　言

党的十九大报告提出，建设知识型、技能型、创新型劳动者大军，弘扬劳模精神和工匠精神，营造劳动光荣的社会风尚和精益求精的敬业风气。为加快高素质技能人才队伍培养，提升配电网技术人员职业技能水平，陕西省地方电力（集团）有限公司（简称集团公司）按照四支人才队伍建设总体思路，由陕西省地方电力（集团）有限公司培训中心组织集团公司系统管理、技术、技能和培训教学等方面的专家，立足地电实际，面向未来发展，策划编写了《配电网实用技术丛书》，遵循简单易学、够用实用的原则，依据规程规范和标准，突出岗位能力要求，贴近工作现场，体现专业理论知识与实际操作内容相结合的职业培训特色，以期建立系统的技能人才岗位学习和培训资料，为电力企业员工培训提供参考。

《配电网实用技术丛书》包含配电、变电、自动化、试验等分册，每本书涵盖了单一职业种类的基础知识、专业知识和专业技能。本书为《10kV 及以下架空配电线路运行与维护》分册。

架空配电线路是配电网的主要结构型式，具有点多、线长、面广、接线方式复杂多变、设备质量参差不齐等特点，加之长期处于露天环境，运行中易发生故障，因此必须学会使用新设备，掌握新技术，不断提高运维管理水平，提高现场实际操作技能，提高处理异常、故障和事故的综合能力，最大限度保证人民群众正常生产、生活用电需求。

本书内容涵盖架空配电线路组成、配电设备、配网自动化、架空线路施工与验收、架空配电线路运行与维护、电能质量和供电可靠性、安全工器具使用、常用仪器仪表使用等，并纳入近年来架空配电线路方面的一些新知识、新技术、新设备、新应用等，努力反映配电网实际和发展趋势，更接近企业对岗位知识结构和操作技能的实际需要。

本书共分九章，其中第一章由宋明明编写，第二章由李敏编写，第三章由李政龙编写，第四章由李军编写，第五章由武垦编写，第六章由高阿孝编写，第七章由魏拥军编写，第八、九章由李小磊编写。

本书在编写过程中，得到了陕西省地方电力（集团）有限公司及所属各分公司的大力支持，中国能源研究会城乡电力（农电）发展中心及全国地方电力企业联席会议各兄弟单位对本书的编写提出了许多宝贵的意见和建议，在此一并表示衷心感谢！

本书适用于供电企业有关专业技术人员、生产一线配网作业人员自学阅读，也可作为电力企业配网岗位技能培训和电力职业院校教学参考之用。

由于编者水平有限，编写时间仓促，书中疏漏和不足之处在所难免，敬请专家和读者朋友批评指正。

编　者

2020 年 3 月

目录

前言

第一章　架空配电线路组成 ·· 1

第一节　配电网概况 ··· 1
第二节　配电线路杆塔及基础 ··· 5
第三节　导线、绝缘子 ··· 9
第四节　拉线 ·· 22
第五节　配电线路常用金具 ··· 29

第二章　架空配电线路主要设备 ·································· 51

第一节　配电变压器 ··· 51
第二节　电力电容器和互感器 ··· 58
第三节　柱上户外开关设备 ··· 61
第四节　氧化锌避雷器 ··· 65
第五节　接地装置 ··· 66

第三章　配网自动化 ·· 70

第一节　配网自动化基本概念 ··· 70
第二节　配网自动化终端设备 ··· 74

第四章　10kV 及以下架空线路施工与验收 ······················ 79

第一节　架空线路 ··· 79
第二节　杆上电气设备安装 ··· 86
第三节　接地工程及线路防护 ··· 88

第五章　架空配电线路运行与维护 ································ 91

第一节　配电线路巡视与操作 ··· 91
第二节　配电线路缺陷处理 ··· 98
第三节　配电开关设备运行维护 ··· 104
第四节　配电变压器及附件运行维护 ······························· 106

第六章　架空配电线路检修和事故处理 ·························· 109

第一节　检修和事故处理工作的组织 ··································· 109
第二节　线路的基本检修工作 ··· 109

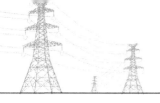

第三节　检修和事故处理的安全措施 …………………………………… 110

第四节　配电线路故障查找 ………………………………………………… 113

第七章　功率因数、线损、电能质量及供电可靠性 …………………… 118

第一节　功率因数 …………………………………………………………… 118

第二节　线损 ………………………………………………………………… 120

第三节　电能质量 …………………………………………………………… 126

第四节　供电可靠性 ………………………………………………………… 128

第八章　常见仪表使用 …………………………………………………… 131

第一节　万用表 ……………………………………………………………… 131

第二节　钳型电流表 ………………………………………………………… 136

第三节　绝缘电阻表 ………………………………………………………… 141

第四节　接地电阻测试仪 …………………………………………………… 146

第五节　高压核相仪 ………………………………………………………… 149

第六节　配电终端测试仪 …………………………………………………… 151

第九章　安全工器具 ……………………………………………………… 155

第一节　概述 ………………………………………………………………… 155

第二节　基本安全工器具的使用 …………………………………………… 155

第三节　辅助安全工器具的使用 …………………………………………… 158

第四节　防护安全工器具的使用与管理 …………………………………… 159

第五节　安全工器具的管理 ………………………………………………… 163

参考文献 …………………………………………………………………… 165

第一节 配电网概况

一、配电网的定义

电能是一种应用广泛的能源，其生产（发电厂）、输送（输配电线路）、分配（变配电站）和消费（电力用户）的各个环节有机地构成了一个系统，如图1-1所示。

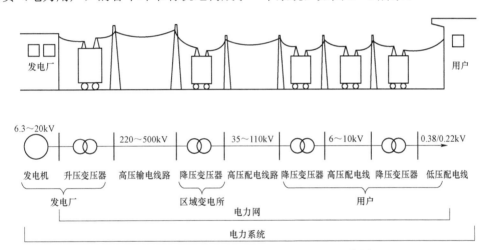

图1-1 电力系统、电力网和配电网组成示意图

1. 动力系统

由发电厂的动力部分（如火力发电的锅炉、汽轮机，水力发电的水轮机和水库，核力发电的核反应堆和汽轮机等）及发电、输电、变电、配电、用电组成的整体。

2. 电力系统

由发电、输电、变电、配电和用电组成的整体，它是动力系统的一部分。

3. 电力网

电力系统中输送、变换和分配电能的部分，它包括升、降压变压器和各种电压等级的输配电线路，它是电力系统的一部分。电力网按其电力系统的作用不同分为输电网和配电网。

（1）输电网。以高电压（220、330kV）、超高电压（500、750、1000kV）输电线路将发电厂、变电站连接起来的输电网络，是电力网中的主干网络。

（2）配电网。从输电网接受电能分配到配电变电站后，再向用户供电的网络。配电网按电压等级的不同又分为高压配电网（110、35kV）、中压配电网（10kV）和低压配电网（0.4kV）。这些不同电压等级的配电网之间通过变压器连接成一个整体配电系统。当系统中任何一个元件因检修或故障停运时，其所供负荷既可由同级电网中的其他元件供电，又可由上一级或下一级电网供电。对配电网的基本要求主要是供电的连续可靠性、合格的电能质量和运行的经济性等要求。

二、配电网的分类及特点

我国配电系统的电压等级，根据《城市电网规划设计导则》（能源电〔1993〕228 号）的规定，110、35kV 为高压配电系统，10kV 为中压配电系统，0.4kV 为低压配电系统；按地域特点或服务对象的不同，可分为城市配电网和农村配电网；按配电线路不同，可分为架空配电网、电缆配电网和架空电缆混合配电网。

但是，随着城市供电容量及供电范围的不断扩大，一些特大城市已将 220kV 的电压引入市区进行配电。因此，配电系统一般很难简单地从电压等级上与输变电系统区分或定义，而是以其功能和作用来定义和区分。

由于使用的电压等级不同，配电系统的结构也有所不同。我国城市配电网的几种不同结构及其特点简要介绍如下。

1. 以单一的 10kV 电压供电的配电网络

这种配电网络，大多数是在城市市区边缘建立具有 35/10kV 双绕组变压器的 35kV 变电站，或具有 110/35/10kV 三绕组变压器的 110kV 变电站，由 10kV 电压对市区的开关站、配电室或柱上式变压器送电，然后以 10kV 或 380V（220V）电压对用户供电。在市郊则以 35、10kV 及 380V（220V）电压对用户供电。我国大多数中小城市的配电网络基本上均属于此种形式。

2. 以 10kV 和 35kV 电压供电的配电网络

这种配电网络，除在市区边缘建立有 35/10kV 的双绕组变压器或 110/35/10kV 三绕组变压器的 35kV 或 110kV 变电站。以 10、35kV 对用户供电外，一般还在市区中心建立了具有 35/10kV 双绕组变压器的变电站，并分别以 35、10kV 及 380V（220V）的电压向用户供电。目前我国一些较大的中等城市即属此类。

3. 以 10、110kV 电压供电的配电网络

这种配电网络，除如上述那样，在市区边缘建立具有 35/10kV 双绕组变压器或 110/35/10kV 三绕组变压器的变电站，以 10kV 向市区用户供电外，还通过 110kV 架空线路或电缆线路在市区内建立 110/10kV 直降式变压器的变电站，然后以 10kV 电压向用户供电。

4. 同时以 10、35、110kV 电压供电，并将 220kV 引入市区的配电网络

这种网络，实际上是上述 2、3 两种情况相结合的综合网络结构的发展。目前国内一些特大城市，如上海、南京等即属此类。

三、配电网的基本要求

1. 保障供电能力

电力工业的发展速度，应超前于其他部门的发展速度，起到先行作用。应竭力避免由于

缺电而使工业企业不能充分发挥其生产能力的情况。

2. 保证供电安全可靠

电力生产，安全第一，预防为主。这就要求加强电力系统各元件设备的管理，经常进行监测、维护，并定期进行预防性试验和检修，定期更新设备，使设备处于完好的运行状态；提高工作人员素质，严格执行各项规章制度，不断提高运行水平，防止事故的发生。一旦发生事故，应能迅速妥善处理，防止事故扩大，做到迅速恢复供电。因为，供电中断将使工农业生产停顿，人们生活秩序混乱，甚至危及人身和设备的安全，会造成十分严重的后果。突然停电给国民经济造成的损失远远超过电网本身的损失。因此，首先要确保安全可靠的供电。

电力系统中发生事故是导致供电中断的主要原因，但要杜绝事故的发生是非常困难的，而各种用户对供电可靠性的要求都是不一样的。通常，对一类用户应设置两个或两个以上独立电源，电源间应能自动切换，以便在任一电源发生故障时，使这类用户的供电不致中断；对二类用户也应设置两个独立电源，手动切换可以满足要求，可能造成短时停电；对三类用户一般采用单电源供电，但也不能随意停电。

3. 保证良好的电能质量

良好的电能质量指标是指电力系统中交流电的频率正常 $50 \pm (0.1 \sim 0.5)$ Hz、电压不超过额定值的 $\pm 5\% \sim \pm 10\%$ 和波形正常（正弦波）。电能质量合格，用电设备能正常运行并具有最佳的技术经济效果；如果变动范围超过允许值，虽然尚未中断供电，但已严重影响到产品质量和数量，甚至会造成人身安全和设备故障，危及电力系统本身的运行。因此，必须通过调频措施及调压措施来保证额定频率和额定电压的稳定。

4. 保证电力运行的经济性

电能生产的规模很大。在其生产、输送和分配过程中，本身消耗的能源占国民经济能源中的比例相当大，因此，最大限度地降低每生产 1kWh 电能所消耗的能源和降低输送、分配电能过程的损耗，是电力部门广大职工的一项极其重要的任务。电能成本的降低不仅意味着对能源的节省，还将降低各用电部门成本，对整个国民经济带来很大的好处。

配电网直接与用户相连，供电范围广，连接用户多，负荷波动与变化频繁，加上由于主客观原因造成不明线损，使配电网线损量占整个电力系统线损比重很大。因此加强配电网的经济运行，降低配电网的线损，对提高整个电力系统的经济性有特别重要的意义。

四、架空配电网络的结构

配电网的接线方式通常按供电可靠性分为无备用和有备用两类。无备用接线的架空配电网络结构中，每一个负荷只能靠一条线路取得电能，单回路放射式、干线式和树状网络即属于这一类。这类配电网络结构的特点是简单、设备费用较少、运行方便。但是供电的可靠性比较低，任一段线路发生故障或检修时，都要中断部分用户的供电。在干线式和树状网络中，当线路较长时，线路末端的电压往往偏低。

凡是每一个负荷都只能沿唯一的路径取得电能的网络，称为开式网络。

在有备用接线的架空配电网络结构中，最简单的一类是在上述无备用网络的每一段线路上都采用双回路。这类接线同样具有简单和运行方便的特点，而且供电可靠性和电压质量都有明显的提高，其缺点是设备费用增加很多。

由一个或几个电源点和一个或几个负荷点通过线路连接而成的环形网络（见图 1-3、图 1-4），是最常见的有备用网络。一般说，环形网络的供电可靠性是令人满意的，也比较经济，但其缺点是运行调度比较复杂。

另一种常见的有备用接线的架空配电网络结构是两端供电网络（见图 1-4），其供电可靠性相当于有两个电源的环形网络。

对于上述有备用网络。根据实际需要也可以在部分或全部线段采用双回路。环形网络和两端供电网络中，每一个负荷点至少通过两条线路从不同的方向取得电能，具有这种接线特点的网络又统称为闭式网络。

按中压配电网的接线方式，架空线路主要有放射式、普通环式、拉手环式、双回路放射式、双回路拉手环式五种。

1. 放射式

放射式供电接线图见图 1-2，线路末端没有其他能够联络的电源。这种中压配电网结构简单，投资较小，维护方便，但是供电可靠性较低，只适合于农村、乡镇和小城市采用。

2. 普通环式

普通环式供电接线图是在同一个中压变电站的供电范围内，把不同的两回中压配电线路的末端或中部连接起来构成环式网络，见图 1-3。当中压变电站 10kV 侧采用单母线分段接线时，两回线路最好分别来自不同的母线段，这样只有中压变电站配电全中断时，才会影响用户用电；而当中压变电站只有一母线段停电检修时，则不会影响用户供电。这种配电网结构，投资比放射式要大些，但配电线路的停电检修可以分投进行，停电范围要小得多。用户年平均停电小时数可以比放射式小些，适合于大中城市边缘，小城市、乡镇也可采用。

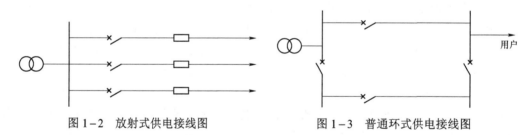

图 1-2　放射式供电接线图　　　　　图 1-3　普通环式供电接线图

3. 手拉手环式

拉手环式供电接线图见图 1-4。它与放射式的不同点在于每个中压变电站的一回主干线都和另一中压变电站的一回主干线接通，形成一个两端都有电源、环式设计、开式运行的主干线，任何一端都可以供给全线负荷。主干线上由若干分段点（一般是安装 SF₆、真空、固体产气等各种型式的开关）形成的各个分段中的任何一个分段停电时，都可以不影响其他各分段的供电。因此，配电线路停电检修时，可以分段进行，缩小停电范围，缩短停电时间；中压变电站全停电时，配电线路可以全部改由另一端电源供电，不影响用户用电。这种接线方式配电线路本身的投资并不一定比普通环式更高。但中压变电站的备用容量要适当增加，以负担其他中压变电站的负荷。实际经验证明，不管配电网的接线型式如何，一般情况下，中压变电站主变压器均需要留有 **30%** 的裕度，推荐裕度为 **40%**。

拉手环式接线有两种运行方式：① 各回主干线都在中间断开，由两端分别供电，这样

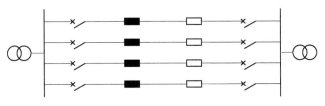

图1-4　拉手环式供电接线图

线损较小，配电线路故障停电范围也较小，但在配电网线路开关操作实现远动和自动化前，中压变电站故障或检修时需要留有线路开关的倒闸操作时间；② 主干线的断开点设在主干线一端，即由中压变电站线路出口断路器断开，这样中压变电站故障或检修时可以迅速转移线路负荷，供电可靠性较高，但线损增加，是很不经济的。在实际应用时，应根据系统的具体情况因地制宜进行选择。

第二节　配电线路杆塔及基础

在电力系统中杆塔的作用是用以支持导线、横担、绝缘子等部件，在各种气象条件下，使导线和避雷线间，导线和导线间，导线和杆塔间，以及导线和大地、建筑物等被跨越物之间保证一定的安全距离，保证线路的安全运行。

一、杆塔

1. 电杆的分类

（1）电杆按作用可分为直线杆塔、耐张杆塔、转角杆塔、终端杆塔和特殊杆塔等。电杆类型说明如图1-5所示。

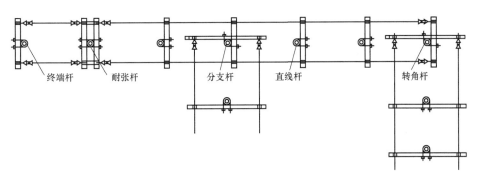

终端杆　　耐张杆　　　　分支杆　　　直线杆　　　　　转角杆

图1-5　电杆类型说明图

1）直线杆塔：又称中间杆或过线杆，通常用符号"Z"表示。用在线路的直线部分，主要承受导线重量和侧面风力，故杆顶结构较简单，一般不装拉线。直线杆塔的数量约占全部杆塔数量的80%以上。

2）分支杆塔：用于线路的分路处，这种电杆在主线方向上有直线杆型和耐张型两种，在分路方向则为耐张型。 设在分支线路连接处，在分支杆上应装拉线，用来平衡分支线拉力。分支杆塔结构可分为丁字分支和十字分支两种：丁字分支是在横担下方增设一层双横担，以耐张方式引出分支线；十字分支是在原横担下方设两根互成90°的横担，然后引出分支线。

3）耐张杆塔：为限制倒杆或断线的事故范围，需把线路的直线部分划分为若干耐张段，在耐张段的两侧安装耐张杆塔。耐张杆塔除承受导线重量和侧面风力外，还要承受邻档导线拉力差所引起的沿线路方面的拉力。为平衡此拉力，通常在其前后方各装一根拉线。耐张杆塔是在线路终点或转弯的地方，会在很长的直线线路中间用到，让线路不能过紧也不能过松。用符号"N"表示耐张杆塔。

4）转角杆塔：用于线路转角地点，分直线转角和耐张转角两种。用符号"J"表示。转角杆塔的结构随线路转角不同而不同：转角在15°以内时，可仍用原横担承担转角合力；转角在15°～30°时，可用两根横担，在转角合力的反方向装一根拉线；转角在30°～45°时，除用双横担外，两侧导线应用跳线连接，在导线拉力反方向各装一根拉线；转角在45°～90°时，用两对横担构成双层，两侧导线用跳线连接，同时在导线拉力反方向各装一根拉线。

5）终端杆塔：用于线路起点或受电端的线路终点，它的一侧要承受线路侧耐张段的导线拉力。为平衡此拉力，需在导线的反方向装拉线。用符号"D"表示终端杆塔。

（2）电杆按材料可分为木杆、钢筋混凝土杆塔、铁塔（钢管杆塔）和复合材料电杆四种。

1）木杆由于容易腐朽，为了节约木材，已被淘汰。

2）钢筋混凝土杆塔是目前使用最为广泛的一种电杆，其特点是结构简单、加工方便，使用的砂、石、水泥等材料便于供应，并且价格便宜。混凝土有一定的耐腐蚀性，故电杆寿命较长，维护量较少。与铁塔比较，钢材用量少，线路建设成本低，但自重大，运输较困难，如有不慎，容易造成裂缝。

钢筋混凝土杆塔按制造工艺分可分为普通钢筋混凝土杆塔、预应力及部分预应力钢筋混凝土杆塔。

3）铁塔、钢管杆塔的优点是机械强度大、使用年限长、便于运输和组装，同时有的还可以减少拉线设置。缺点是钢材消耗量大、造价较高，并需要经常进行防腐维护，基础施工复杂，施工周期比较长。

4）复合材料电杆作为一种新型电杆，由于其强度高、重量轻的特性在电力领域获得了较快的发展。复合材料电杆和铁塔、水泥杆塔相比具有重量轻、强度高、绝缘性能好、防火性能优秀等多方面优点。复合材料电杆的缺点主要体现在：① 挠度过大。复合材料电杆由于韧性相对较好，其挠度比同等条件下水泥杆塔和铁塔大3～4倍。② 安装难度比较大。安装时人在电杆上端会感觉到电杆有明显晃动，此外复合材料电杆表面非常光滑，在有雨水的情况下尤其难以爬杆作业。③ 单位造价较高。

（3）按外形分。一般可分为锥形杆塔（拔梢杆塔）和等径杆塔两种。其中锥形杆塔的斜率（λ）一般为1/75。

2. 电杆的质量要求

（1）钢筋混凝土杆塔的质量要求。钢筋混凝土杆塔在出厂前需经过检验，其项目主要有：外观质量、尺寸偏差、抗裂检验、裂缝宽度检验等；外观和尺寸检验应符合表1-1要求。

表1-1   钢筋混凝土杆塔的质量要求

序号	项目			要求
1	表面裂缝			纵横向均 不允许
2	合缝漏浆	边模合缝处		深度不大于3mm
				每处长不大于100mm
				累计长不大于5%
				无搭接漏浆
		钢板圈		深度不大于3mm
		（或法兰盘）		环向长不大于1/6周长
		与杆身结合面		纵向长不大于20mm
3	梢端及根端碰伤或漏浆	梢端及根端		环向长不大于1/6周长
		碰伤或漏浆		纵向长不大于20mm
4	内、外表露筋			不允许
5	内表面混凝土塌落			不允许
6	蜂窝			不允许
7	麻皮、粘皮			总面积不大于1%
8	预留孔周围损失			损伤深度不大于5mm
9	钢板圈焊口距离			距离大于10mm

（2）钢管杆塔的质量要求。钢管杆塔的加工应符合国家级行业的有关标准，整根钢杆及各杆段的弯曲度不能超过长度的2%，钢管横断面的环形垂直椭圆不应大于$2D/1000$（D为直径）。钢杆的焊接应符合相关规定，并附有焊缝无损伤检验报告。钢杆材料均应热镀锌，并且镀锌厚度应不小于$85\mu m$。钢杆宜在距离杆根3m处设置铭牌，内容包括制造厂名、生产日期、转角度数、梢径、斜率等。

3. 杆塔的荷载

杆塔在运行中要承受拉、压、弯、剪各种外力的作用，常将这些作用力称为杆塔的荷载，根据荷载在电杆的作用方向，可分为垂直荷载、横向水平荷载、纵向荷载。

（1）垂直荷载。垂直荷载包括：

1）导线、避雷线的质量（包括绝缘子、金具、横担与附属设备质量）。

2）电杆本身和基础的质量。

3）安装、检修时的垂直荷载（包括作业人员、工具及附件质量）等。

（2）横向水平荷载。横向水平荷载包括：

1）导线、避雷线上的风压（包括绝缘子、金具及附属设备风压）。

2）电杆风压。

3）转角电杆上导线、避雷线的角度力。

4）电杆两侧垂直荷载的差异对电杆产生弯矩的水平折合力等。

（3）纵向荷载。纵向荷载包括：

1）导线、避雷线的不平衡张力（对耐张杆塔、直线杆塔，该张力方向为顺线路方向；对转角杆塔，该张力方向则为线路内角二等分线方向）。

2）导线、避雷线的断线张力，以及断导线时避雷线对电杆的支持力。

3）安装时的紧线张力等。

二、基础

杆塔埋入地下部分统称为基础。基础的作用是保证杆塔稳定，不因杆塔的垂直荷载、水平荷载、事故断线张力和外力作用而上拔、下沉或倾倒。架空电力线路的杆塔基础一般分为电杆基础和铁塔基础两大类。

1. 电杆基础

钢筋混凝土杆塔基础一般采用三盘，即底盘、卡盘和拉线盘在现场组装。三盘可采用钢筋混凝土预制件、天然石料制造等。底盘规格、卡盘规格、拉线底盘规格分别见表 1-2～表 1-4。

表 1-2   底 盘 规 格

规 格 $1 \times b \times h_1$ （m×m×m）	底盘质量 （kg）	底盘体积 （m³）	主筋数量 A_3 （根数×ϕd, mm）	钢筋质量 （kg）	极限耐压力 （kN）
0.6×0.6×0.18	155	0.062	12×ϕ6	2.0	215.7
0.8×0.8×0.18	280	0.113	12×ϕ8	5.6（4.0）	294.2
1.0×1.0×0.21	395	0.158	20×ϕ10	13.8（9.8）	392.3
1.2×1.2×0.21	625	0.249	24×ϕ10	19.8（14.6）	470.7
1.4×1.4×0.21	825	0.320	28×ϕ10	25.8（18.6）	490.3
1.6×1.6×0.21	1090	0.436	28×ϕ10	29.8（23）	510.0

表 1-3   卡 盘 规 格

规 格 $1 \times b \times h_1$ （m×m×m）	卡盘质量 （kg）	卡盘体积 （m³）	主筋数量 A_3 （根数×ϕd, mm）	钢筋质量 （kg）
0.8×0.3×0.2	140	0.055	8×ϕ6	3.8
1.2×0.3×0.2	175	0.070	8×ϕ12	10.6
1.4×0.3×0.2	205	0.082	8×ϕ14	16.2
1.6×0.3×0.2	250	0.100	8×ϕ14	18.2
1.8×0.3×0.2	290	0.116	8×ϕ14	20.4

表 1-4　　　　　　　　　　　拉 线 底 盘 规 格

规　格 $1 \times b \times h_1$ （m×m×m）	底盘 质量 （kg）	底盘 体积 （m³）	主筋数量 A_3 （根数× ϕd, mm）	钢筋 质量 （kg）	拉环质量×直径 （kg× ϕd, mm）	极限耐压力（kN）
0.3×0.6×0.2	80	0.032	4× ϕ6	6.0	4.5× ϕ24	107.9
0.4×0.8×0.2	135	0.054	6× ϕ8	7.1	4.5× ϕ24	112.6
0.5×1.0×0.2	210	0.084	6× ϕ10	11.1	7.4× ϕ28	152.0
0.6×1.2×0.2	300	0.118	8× ϕ10	13.9	7.4× ϕ28	166.7
0.7×1.4×0.2	410	0.165	8× ϕ12	21.0	10.3× ϕ32	205.9
0.8×1.6×0.2	540	0.216	8× ϕ14	27.7	10.3× ϕ32	254.2

用于钢杆、钢壁混凝土杆塔的电杆基础多为钢管桩基础、套筒基础、现场浇注混凝土或钢筋混凝土基础等，这些基础一般没有固定的形状和尺寸，必须根据设计确定。

2. 铁塔基础

铁塔基础一般根据铁塔类型、地形、地质和施工条件的实际情况确定。常用的铁塔基础有以下几种类型：

（1）混凝土或钢筋混凝土基础。这种基础在施工季节暖和，沙、石、水来源方便的情况下可以考虑采用。

（2）预制钢筋混凝土基础。这种基础适用于沙、石、水的来源距塔位较远，或者因在冬季施工、不宜在现场浇注混凝土基础时采用，但预制件的单件质量应适合现场运输条件。

（3）金属基础。这种基础适用于高山地区交通运输困难的塔位。

（4）灌注桩式基础。它分为等径灌注桩和扩底短桩两种基础。当塔位处于河滩时，考虑到河床冲刷或漂浮物对铁塔的影响，常采用等径灌注桩深埋基础。扩底短桩基础适用于黏性土或其他坚实土壤的塔位。由于这类基础埋置在近原状的土壤中，因此它变形较小，抗拔能力强，并且采用它可以节约土石方工程量，改善劳动条件。

（5）岩石基础，这种基础应用于山区岩石裸露或覆盖层薄且岩石的整体性比较好的塔位。方法是把地脚螺栓或钢筋直接锚固在岩石内，利用岩石的整体性和坚固性取代混凝土基础。

第三节　导 线、绝 缘 子

导线是电力线路的主体，承担输送电能的功能。制造导线的材料不仅要具备足够的机械强度，良好的导电性能，较小的电阻率，同时还需要抗氧化、抗腐蚀能力强，而且要求质量轻，并应考虑其经济性。

对导线的具体要求：① 导电率高；② 耐热性好；③ 机械强度好；④ 具有良好的耐振、耐磨、耐化学腐蚀性能；⑤ 质量轻，价格低，性能稳定。

一、架空导线的分类

1. 裸导线

（1）铜导线。铜导线具有优良的导电性能和较高的机械强度，耐腐蚀性强，铜的密度为 $9.8g/cm^3$，是一种理想的导线材料。但由于铜在工业上用途极其广泛，资源少而价格高，因此，铜线一般只用于电流密度较大或化学腐蚀较严重地区的配电线路。

（2）铝导线。铝导线的导电性能和机械强度不及铜导线，铝和铜比较，铝的导电系数比铜小 1.6 倍。铝的机械强度也比较小，抗化学腐蚀能力也比较差。但铝的质量小，铝的密度为 $2.7g/mm^3$，并且铝的储量高而价格低，因此，铝也是一种比较理想的导线材料。铝的性质决定了铝线一般用于挡距较小的架空配电线路，但在沿海地区或化工厂附近不宜采用铝导线。

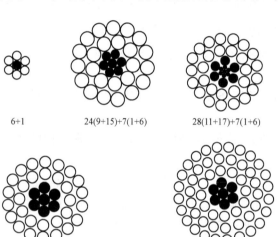

6+1   24(9+15)+7(1+6)   28(11+17)+7(1+6)

30(12+18)+7(1+6)   54(12+18+24)+7(1+6)

图 1-6　钢芯铝绞线结构

（3）钢芯铝绞线。为了充分利用铝和钢两种材料的优点以补其不足，而把它们结合起来制成钢芯铝绞线。钢芯铝绞线具有较高的机械强度，它所承受的机械应力是由钢芯线和铝芯共同承担的，并且交流的集肤效应可以使钢芯线中通过的电流几乎为零，电流基本上是由铝线传导的。因此，钢芯铝绞线的导电和机械性能均比较良好，适用于大挡距架空电力线路。钢芯铝绞线结构如图 1-6 所示。

钢芯铝绞线一般分为普通型 LGJ、轻型 LGJQ 和加强型 LGJJ 钢芯铝绞线三种。

普通钢芯铝绞线，铝钢截面比 $S_L:S_G=5.3:6.1$；

轻型钢芯铝绞线，铝钢截面比 $S_L:S_G=7.6:8.3$；

加强型钢芯铝绞线，铝钢截面比 $S_L:S_G=4:4.5$。

（4）防腐型钢芯铝绞线（LGJF）。防腐型钢芯铝绞线（LGJF），其结构形式及机械性能、电气性能与普通钢芯铝绞线相同，它可分为轻防腐型（仅在钢芯上涂防腐剂）、中防腐型（仅在钢芯及内层铝线上涂防腐剂）和重防腐型（在钢芯和内外层铝线均涂防腐剂）三种。这种导线用于沿海及有腐蚀性气体的地区。

（5）钢芯铝合金绞线（HLGJ）。钢芯铝合金绞线 HLGJ，是先以铝、镁、硅合金拉制成的圆单线，再将这种多股的单线绕着内层钢芯绞制而成。抗拉强度比普通钢芯铝绞线高 40% 左右，它的导电率及质量接近铝线，适用于线路大跨越的地方。

（6）铝包钢绞线（GLJ）。铝包钢绞线以单股钢线为芯，外面包以铝层，做成单股或多股绞线。铝层厚度及钢芯直径可根据工程实际需要与厂家协商制造，价格偏高，导电率较差，适合用于线路的大跨越及架空地段高频通信使用。

（7）镀锌钢绞线。镀锌钢绞线的导电性能很差，但钢绞线的机械强度高，由于钢绞线的导电性能很差，不宜用作电力线路导线，它主要用于架空电力线路的避雷线、接地引下线和拉线，以及用作绝缘导线、通信线等的承力索。

2. 绝缘导线

（1）绝缘导线的优点。绝缘导线相比裸导线最大的优点就是具有优异的绝缘性能，而配电线路由于直接为工农业生产及居民生活服务，位于工农业及居民生活区内，发生运行事故及人身触电事故的几率较高，所以绝缘导线适用于城市人口密集地区，线路走廊狭窄，架设裸导线线路与建筑物的间距不能满足安全要求的地区，以及风景绿化区、林带区和污秽严重的地区等，可大幅降低配电线路运行事故及人身触电伤亡事故的发生。

架空配电线路采用绝缘导线替代裸导线具有以下优点：

1）可解决架空配电线路的走廊问题。

2）可大幅度降低因外力影响而引发的事故，提高供电可靠性。

3）可方便施工，减少维修工作量等。

（2）绝缘导线的绝缘材料。

目前户外绝缘导线所采用的绝缘材料，一般为黑色耐气候型的聚氯乙烯、聚乙烯、高密度聚乙烯、交联聚乙烯等。这些绝缘材料一般具有较好的电气性能、抗老化及耐磨性能等，暴露在户外的材料添加有 1% 左右的炭黑，以防日光老化。

早期户外低压绝缘导线较多采用铜芯或铝芯橡皮线（俗称皮线，型号为 BX 及 BLX），在橡皮绝缘层外缠绕玻璃丝，再包敷沥青，一般用在低压线路、低压接户线、柱上变压器台引线等。其优点是较柔软，便于在立瓶上折弯固定等；缺点是防止日光老化的沥青不耐磨，沥青脱落后玻璃丝、橡皮迅速老化开裂，耐热性能差等，该类型绝缘导线正在逐渐被淘汰。

这些材料的特点是：

1）聚氯乙烯（PVC）绝缘材料。它具有较好的电气、机械性能，对酸、碱有机化学成分性能比较稳定，耐潮湿，阻燃、成本低且易加工等特点。但 PVC 同其他绝缘材料相比而言，PVC 绝缘材料的介质损失及相对介电系数比较大，绝缘电阻低，耐热性比较差。PVC 的长期允许工作温度不应大于 70℃。因此，PVC 绝缘材料一般只适用于低压绝缘导线或集束型绝缘导线的外护套。

2）聚乙烯（PE）绝缘材料。它具有优异的电气性能，相对介电系数及介质损失角正切值在较大的频率范围内几乎不变。化学稳定性良好，在室温下耐溶剂性好，对非氧性酸、碱的作用性能非常稳定，耐潮湿、耐寒性也比较好。但 PE 绝缘材料软化温度比较低，它的长期允许工作温度不应超过 70℃。另外，PE 绝缘材料耐环境应力开裂、耐油性和耐气候性比较差，且不阻燃。

3）高密度聚乙烯（HDPE）绝缘材料。它除长期允许工作温度不应超过 70℃和不阻燃之外，其他主要电气、机械性能与交联聚乙烯材料接近。

4）交联聚乙烯（XLPE）绝缘材料。它是采用交联的方法将交联聚乙烯的线性分子结构转化为网状结构而形成的。它的电气性能与聚乙烯接近，耐热性好，其长期允许工作温度为 90℃，抗过载能力强，并且 XLPE 绝缘材料可避免环境应力开裂，机械物理性能比 PVC、PE 绝缘材料要好。

（3）绝缘导线的分类。绝缘导线按电压等级可分为中压绝缘导线、低压绝缘导线；按架设方式可分为分相架设、集束架设。绝缘导线类型有中压、低压单芯绝缘导线，低压集束型绝缘导线，中压集束型半导体屏蔽绝缘导线，中压集束型金属屏蔽绝缘导线等。

1）中压、低压单芯绝缘导线。

中压、低压架空绝缘线路一般采用单芯绝缘导线、分相式架设方式，它的架设方法与裸导线的架设方法基本相同。由于中压线路相对低压线路遭受雷击的概率较高，中压绝缘导线还需要考虑采取防止雷击断线的措施。

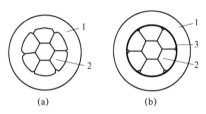

图 1-7　绝缘导线结构
（a）低压绝缘导线；（b）中压绝缘导线
1—绝缘层；2—导体；3—屏蔽层

低压绝缘导线的结构为直接在线芯上挤包绝缘层，结构见图 1-7（a）；中压绝缘导线的结构是在线芯上挤包一层半导体屏蔽层，在半导体屏蔽层外挤包绝缘层，生产工艺为两层共挤，同时完成，结构见图 1-7（b）。

绝缘导线的线芯一般采用经紧压的圆形硬铝（LY8 或 LY9 型）、硬铜（TY 型）或铝合金导线（LHA 或 LHB 型）。线芯紧压的目的是为了降低绝缘导线制造过程中所产生的应力，防止水渗入绝缘导线内滞留，特别是对铜芯绝缘导线，易引起腐蚀应力断线。根据国家试验站的试验结果，在室内灯光的照射下，相同导体截面的绝缘导线的载流量高于裸导线，这是由于绝缘层有利于散热的结果，其原因是：① 绝缘导线的散热面积大；② 黑色绝缘层增加了热辐射；发热体颜色越黑热辐射系数就越大；③ 绝缘层的热阻系数较小。考虑到便于统一规划设计，以及考虑到试验室与实际的差别，夏日短时段暴晒的因素，推荐选用绝缘导线截面可视同裸导线或需增大一级截面。

10kV 绝缘导线的绝缘层分普通绝缘层（厚 3.4mm）、薄绝缘层（厚 2.5mm）两种。为了降低电场强度，防止过电压或外物碰触绝缘线时产生局部放电，即使采取 2.5mm 厚薄绝缘层时，仍以增加内半导体屏蔽层为宜。采取 2.5mm 薄绝缘层的优点为在分相架设时，即满足一定的绝缘水平，又可减轻导线荷载，在同样安全系数下减小导线弧垂，降低造价。

对于非承力绝缘导线，如柱上变压器引线及利用承力索承力敷设的绝缘导线等，可以采用软铜线做线芯，这类导线的线芯可以不进行紧压。作为变台引线的中压绝缘导线，宜采用 2.5mm 厚的绝缘层，以便于折弯安装固定。

2）低压集束型绝缘导线。

低压集束型绝缘导线（LV-ABC 型）可分为承力束承载、中性线承载和整体自承载三种方式，见图 1-8。整体自承载的低压集束型绝缘导线的线芯，应采用紧压的硬铝、硬铜或铝合金导线做线芯。采用承力束或中性线承载的低压集束型绝缘导线，相线可以采用未经紧压的软铜芯做线芯。

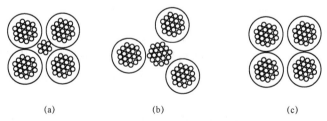

图 1-8　低压集束型绝缘导线结构
（a）承力束载荷；（b）中性线载荷；（c）整体载荷

3）中压集束型绝缘导线。

中压集束型绝缘导线（HV−ABC 型），可分为集束型半导体屏蔽、金属屏蔽绝缘导线两种类型，见图 1−9。

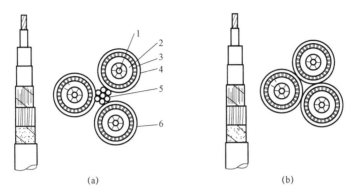

（a）　　　　　　　　　（b）

图 1−9　中压集束型半导体屏蔽绝缘导线结构图

（a）带承力束；（b）自承载

1—导体；2—半导体绝缘内屏蔽；3—绝缘体；4—半导体绝缘外屏蔽；5—承力束；6—外护套

1）中压集束型半导体屏蔽绝缘导线，可分为承力束承载和自承载两种类型。

2）中压集束型金属屏蔽绝缘导线，一般带承力束，如图 1−10 所示。

二、架空导线的型号

1. 裸导线型号

架空电力线路用裸导线是一种最常用的导线，它的型号是用制造导线的材料、导线的结构和截面积三部分表示的。其中导线的材料和结构用汉语拼音字母表示，即："T"表示铜线、"L"表示铝、"G"表示钢线、"J"表示多股绞线或加强型、"Q"表示轻型、"H"表示合金、"F"表示防腐。例如"TJ"表示铜绞线、"LJ"表示铝绞线、"GJ"表示钢绞线、"LHJ"表示铝合金绞线、"LGJ"表示钢芯铝绞线、"LGJJ"表示加强型钢芯

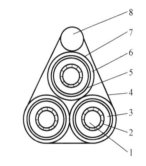

图 1−10　中压集束型金属屏蔽绝缘导线结构图

1—导体；2—半导体绝缘内屏蔽；3—绝缘体；4—绕扎线；5—半导体绝缘外屏蔽；6—集束屏蔽；7—外护套；8—承力束

铝绞线、"LGJQ"表示加强型钢芯铝绞线。导线的截面用数字表示，它的单位为平方毫米（mm^2）。例如"LJ−240"表示标称截面为 $240mm^2$ 的铝绞线。

2. 绝缘导线型号

绝缘导线的材料和结构特征代号为："JK"表示架空系列（铜导体省略）；"TR"表示软铜导体；"L"表示铝导体；"HL"表示铝合金导体；"V"表示聚氯乙烯绝缘；"Y"表示聚乙烯绝缘；"GY"表示高密度聚乙烯；"YJ"表示交联聚乙烯；"/B"表示本色绝缘；"/Q"表示轻型薄绝缘结构（普通绝缘结构省略）；承力束为钢绞线时用"（A）"表示。例如：铝芯、交联聚乙烯绝缘（本色）、额定电压 10kV、4 芯，其中 3 芯为导体，标称截面为 $120mm^2$，承力束为 50 mm^2 钢绞线的绝缘导线，可表示为 JKLYJ/B−10、3×120＋50（A）；铝芯交联

聚乙烯架空绝缘导线，轻型薄绝缘结构，额定电压 10kV、单芯标称截面 120mm²，可表示为 JKLYJ/Q－10、1×120。

三、导线的排列、截面选择

1. 导线在杆塔上排列

架空电力线路分为单回路、双回路并架或多回路并架线路。由于线路回路数的不同，导线在杆塔上的排列方式也是多种多样的。一般单回路电力线路，导线排列方式有三角形、上字形、水平排列三种方式。双回路并架或多回路并架的输电线路，导线排列方式有伞形、倒伞形、干字形、六角形（又称鼓形）四种方式。

2. 导线排列方式的选择

选择导线的排列方式时，主要看其对线路运行的可靠性，对施工安装、维护检修是否方便，能否简化杆塔结构，减小杆塔头部尺寸。运行经验表明，三角形排列的可靠性较水平排列差，特别是在重冰区、多雷区和电晕严重地区，这是因为下层导线在因故向上跃起时，易发生相间闪络和上下层导线碰线故障，且水平排列的杆塔高度较低，可减少雷击的机会。但水平排列的杆塔结构上比三角形排列者复杂，使杆塔投资增大。

因此，一般说来输电线路，对于重冰区、多雷区的单回线路，导线应采用水平排列。对于其余地区可结合线路的具体情况采用水平或三角形排列。从经济观点出发，电压在 220kV 以下、导线截面不特别大的单回线路，宜采用三角形排列。对双回线路的杆塔，倒伞形排列的优点是便于施工和检修，但它的缺点是防雷差，故目前多采用六角形排列。

3. 导线截面的选择

（1）选择的原则。

架空线路导线截面的选择都需要满足经济电流密度、电压损失、发热和机械强度四个方面要求。

1）经济电流密度是指单位导线截面所通过的电流值（A/mm²）。

2）电压损失是指规定线路的电压损失，则是要保证线路上的电压损失不大于规定的指标。

3）发热是指导线的运行温度不应超过规定的温度，这一条件又称发热条件。在安全载流量前提下，使导线不超过允许的安全运行温度（环境温度为25℃时一般规定为70℃）。

4）机械强度是指架空线路的导线在承受导线自重、环境温度及运行温度变化产生的应力、风力、覆冰重力等作用而不致断裂。架空配电线路的导线最小截面在选择时不得小于表 1-5 中的数值。

表 1-5　　　　　　　　　　架空配电线路的导线最小截面　　　　　　　　　　单位：mm²

导线种类	10kV		1kV 及以下
	居民区	非居民区	
铝绞线（LJ）	35	25	25
钢芯铝绞线（LGJ）	25	25	25
铜线（TJ）	16	16	直径 4.0mm

（2）按发热条件选择导线截面。

导线在运行中，因有电流流过，将使导线的温度升高。温度升高将会降低导线的机械强度。为保证导线在运行中不致过热，要求导线的最大负荷电流必须小于导线的允许载流量，即

$$I \leq K I_\mathrm{g}$$

式中　I——导线最大负荷，A；

　　　I_g——导线在环境温度为 25℃ 的允许载流量；

　　　K——空气温度修正系数，见表 1−6。

表 1−6　　　　　　　　　　　　空气温度修正系数 K

空气温度（℃）	−5	0	5	10	15	20	25	30	35	40	45
K	1.29	1.24	1.20	1.15	1.11	1.05	1.00	0.94	0.88	0.81	0.74

注　周围空气温度是指最热月份每日最高温度平均值。

（3）结合地区配电网发展规划和对导线截面确定，每个地区的导线规格宜采用 3～4 种。无配电网规划地区不宜小于表 1−7 所列数值。

表 1−7　　　　　　　　　　　　导 线 截 面 选 型 表

导线种类	1～10kV 配电线路			1kV 以下配电线路		
	主干线	分干线	分支线	主干线	分干线	分支线
铝绞线及铝合金线	120（125）	70（63）	50（40）	95（100）	70（63）	50（40）
钢芯铝绞线	120（125）	70（63）	50（40）	95（100）	70（63）	50（40）
钢绞线	—	—	16	50	35	16
绝缘铝绞线	150	95	50	95	70	50
绝缘铜绞线	—	—	—	70	50	35

注　括号为圆线同心绞线（见 GB/T 1179—2017《圆线同心绞架空导线》）。

（4）采用允许电压降校核时：

1）1～10kV 配电线路，自供电的变电站二次侧出口至线路末端变压器或末端受电变电站一次侧入口的允许电压降为供电变电站二次侧额定电压的 5%。

2）1kV 以下配电线路，自配电变压器二次侧出口至线路末端（不包括接户线）的允许电压降为额定电压的 4%。

4. 导线的连接

（1）导线的连接，应符合下列要求：

1）不同金属、不同规格、不同绞向的导线，严禁在挡距内连接。

2）在一个挡距内，每根导线不应超过一个接头。

3）接头距导线的固定点，不应小于 0.5m。

（2）导线的接头应符合下列要求：

1）对钢芯铝绞线，铝绞线在挡距内的接头，宜采用钳压或爆压。

2）铜绞线在挡距内的接头宜采用绕接或钳压。

3）铜绞线与铝绞线的接头宜采用铜铝过渡线夹、铜铝过渡线，或采用铜线搪锡插接。

4）铝绞线、铜绞线的跳线连接宜采用钳压、线夹连接或搭接。导线接头的电阻，不应大于等长导线的电阻。挡距内接头的机械强度不应小于导线计算拉断力的90%。

（3）导线的弧垂应根据计算确定。导线架设后塑性伸长对弧垂的影响，宜采用减小弧垂法补偿，弧垂减小的百分数：铝绞线为20%；钢芯铝绞线为12%；铜绞线为7%～8%。

（4）配电线路的铝绞线、钢芯铝绞线或铝合金线在与绝缘子或金具接触处，应缠绕铝包带。

（5）线路挡距应符合表1-8所示要求。

表1-8　　　　　　　　　　　线　路　挡　距　表　　　　　　　　　单位：m

电压 经过地区	1～10kV	1kV 以下
城区	40～50	40～50
郊区	50～100	40～70

35kV 耐张段长度不宜大于 3km，10kV 及以下耐张段长度不宜大于 2km。

（6）导线间水平距离应符合表1-9所示要求。

表1-9　　　　　　　　　配电线路导线最小线间距离　　　　　　　　　单位：m

	40 及以下	50	60	70	80	90	100
1～10kV	0.6（0.4）	0.65（0.5）	0.7	0.75	0.85	0.9	1.0
1kV 以下	0.3（0.3）	0.4（0.4）	0.45	—	—	—	—

注　（ ）内为绝缘导线数值。1kV 以下配电线路靠近电杆两侧导线间水平距离不应小于0.5m。

（7）架空电力线路与构筑物交叉、接近时允许最小距离（m）如表1-10所示。

表1-10　　　　　架空电力线路与构筑物交叉、接近时允许最小距离　　　　　单位：m

线路所经地区的性质	导线弧垂最低点至下列各处	线路额定电压（kV）	
		1 以下	1～10
公路	路面	6.0	7.0
铁路	轨项	7.5	7.5
架空管道	位于管道之上或下	1.5	不允许
建筑物	建筑物	3.0	3.0
居民区	地面	6.0	6.5

线路所经地区的性质	导线弧垂最低点至下列各处	线路额定电压（kV）	
		1 以下	1～10
非居民区	地面	5.0	5.5
交通困难地区	地面	4.0	4.5
人行道、小街、小巷 （1）裸导线 （2）绝缘导线	地面	3.5 2.5	

四、绝缘子的作用

电力架空线路的导线，是用绝缘子固定的，而绝缘子固定在金具上，金具连接固定在杆塔上的。导线与杆塔的绝缘依靠绝缘子，绝缘子在运行中不但会承受工作电压的作用，还要受到过电压的作用，同时还要承受机械力的作用及气温变化和周围环境的影响。所以绝缘子必须有良好的绝缘性能和一定的机械强度。

五、对绝缘子的要求

绝缘子一般是由瓷制成，因为瓷能够满足绝缘子的绝缘强度和机械强度的要求。绝缘子也可用钢化玻璃制成，这种玻璃具有很好的电气绝缘性能及耐热和化学稳定性，这种玻璃绝缘子比瓷质绝缘子的尺寸小、重量轻、价格便宜。复合绝缘子是一种新产品，特点：重量轻，减少维护工作量。

为了使导线固定在绝缘子上，绝缘子具有金属配件，即牢固地固定在瓷件上的铸钢。瓷件和铸钢，大多数是用水泥胶合剂胶在一起，瓷件的表面涂有一层釉，以提高绝缘子的绝缘性能。铸钢和瓷件胶合处胶合剂的外表面涂以防潮剂。

通常，绝缘子的表面被做成波纹形的。这是因为：① 可以增加绝缘子的泄漏距离（又称爬电距离），同时每个波纹又能起到阻断电弧的作用；② 当下雨时，从绝缘子上流下的污水不会直接从绝缘子上部流到下部，避免形成污水柱造成短路事故，起到阻断污水水流的作用；③ 当空气中的污秽物质落到绝缘子上时由于绝缘子波纹的凹凸不平，污秽物质将不能均匀地附在绝缘子上，在一定程度上提高了绝缘子的抗朽能力。总之，将绝缘子做成波纹形的目的是为了提高绝缘子的电气绝缘性能。

六、绝缘子种类及用途

绝缘子按材料不同可分为瓷绝缘子、钢化玻璃绝缘子、复合绝缘子。

根据额定电压，可将线路绝缘子分为高压绝缘子（用于电压为 1kV 以上的输配电线路）和低压绝缘子两种。根据不同的用途，线路绝缘子可分为针式绝缘子、蝶式绝缘子、拉线绝缘子、悬式绝缘子、棒式绝缘子和瓷横担、合成绝缘子等。

1. 针式绝缘子

针式绝缘子一般用于配电线路的直线杆及小转角杆上。根据绝缘子铸钢杆的长短可分为图 1-11（a）和图 1-11（b）所示两种。常用型号低压有 P-6、P-10 型，高压有 P-15、P-20 型等。

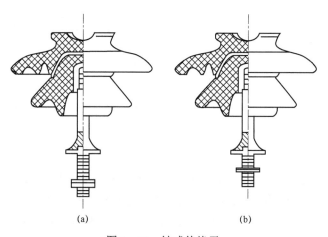

图 1-11　针式绝缘子
（a）长杆针式绝缘子；（b）短杆针式绝缘子

2. 蝶式绝缘子

蝶式绝缘子也叫茶台，如图 1-12 所示。这是由一个空心瓷件构成，并采用两块拉板和一根穿心螺栓组合起来供用户使用，通常用在配电线路上的转角、分段、终端及承受拉力的电杆上。常见型号低压有 ED-1（2、3、4）型和 EX-1（2、3、4）型。中压有 E-1、E-6（10）型。

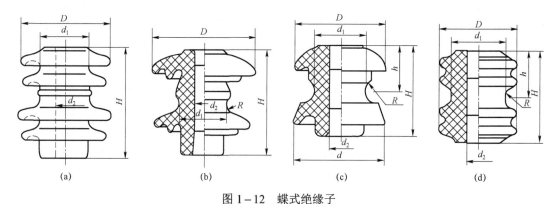

图 1-12　蝶式绝缘子
（a）E-1 型；（b）E-6（10）型；（c）ED-1（1、2、3）型；（d）EX-1（2、3、4）型

3. 拉线绝缘子

拉线绝缘子见图 1-13 所示。用于拉线上，目的是防止拉线带电可能造成人身触电事故而采取的绝缘措施。常见型号有 J-20、J-45、J-90 等。具体参数见表 1-11。

表 1-11　　　　　　　　　　　　拉线绝缘子规格

型号	试验电压 （kV）	机电破坏负荷 （kg）	主要尺寸（mm）							质量（kg）
			L	B	b_1	B_2	d_1	d_2	R	
J-20	10	19.6	72	43	30	30	—	—	8	0.2
J-45	15	44.1	90	58	45	45	14	14	10	1.1
J-90	25	88.3	172	89	60	60	25	25	14	2.0

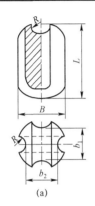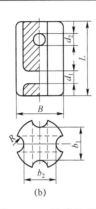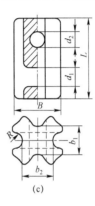

(a)　　　　　　　　　　(b)　　　　　　　　　　(c)

图 1-13　拉线绝缘子

（a）J-20 型；（b）J-45 型；（c）J-90 型

4. 悬式绝缘子

悬式绝缘子按其帽与铁脚的链接方法，可分为槽型和球头型两种，如图 1-14 所示。

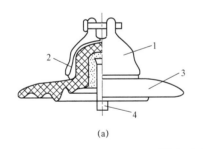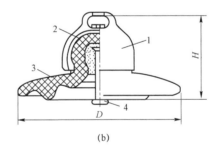

(a)　　　　　　　　　　　　　(b)

图 1-14　悬式绝缘子

（a）槽型；（b）球头型

1—铸钢帽；2—水泥胶合剂；3—瓷质部分；4—铁脚；H—绝缘子高；D—绝缘子宽

主要型号有新老两种系列，老系列产品有：X-3、X4.5、X-7、X-4.5C 等；新系列产品有：XP-40、XP-70、XP-100、XP-120、XP-160、XP-210、XP-240 等。

对于有严重污秽地区，常采用防污悬式绝缘子。防污绝缘子与普通绝缘子的区别是防污绝缘子有较大的泄漏路径，其裙边的尺寸、形状和布置考虑了该绝缘子在运行中便于自然清扫和人工清扫。常见防污绝缘子有以下几种：

（1）双伞型。如图 1-15 所示，双伞型绝缘子的特点是伞型光滑，积污量少，便于人工清扫，因而在电力系统得到普遍推广应用。

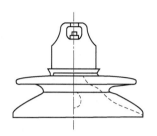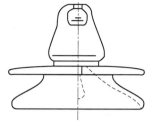

图 1-15　双伞型

（2）钟罩型。如图 1-16 所示，钟罩型绝缘子是伞棱深度比普通型大得多的耐污型绝缘子，以达到增大爬距，提高抗污闪能力的目的。钟罩型在国外是占主导地位的耐污型绝缘子，其特点是便于机械成型，但伞槽间距离小，易于积污，且不便于人工清扫。

（3）流线型。如图 1-17 所示，流线型绝缘子由于其表面光滑，不易积污，因而比普通型或其他耐污型绝缘子有一定的优势。但由于爬电距离较小，且缺少能阻抑电弧发展延伸的伞棱结构，因而其抗污闪性能的提高也是有限的。除不易积污外，也有便于人工清扫的优点。有些地区为防治冰溜及鸟粪污闪，在横担下第一片用伞盘较大的流线型绝缘子可收到一定的效果。

（4）大爬距（或大盘径）绝缘子。如图 1-18 所示，大爬距绝缘子，其伞棱大小和普通型相近，但比钟罩式要小些。设计良好的大爬距绝缘子的抗污闪性能也可与其他耐污型绝缘子的性能相近。但并不是任意设计的型式都具有优良的性能，经实践证明，有的设计是成功的，有些设计并未达到预期的效果。

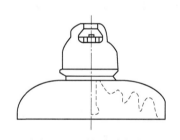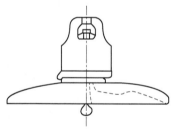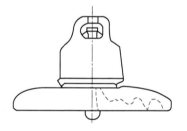

图 1-16　钟罩型绝缘子　　　图 1-17　流线型绝缘子　　　图 1-18　大爬距绝缘子

5. 棒式绝缘子和瓷横担

棒式绝缘子的形状如图 1-19 所示，它是一整体，可以代替悬式绝缘子串。由于棒式绝缘子上的积污易被雨水冲走，故不易发生闪络。这种绝缘子还具有节约钢材、重量轻、长度短等优点。但棒式绝缘子制造工艺较复杂，成本较高，且运行中易于断裂，因此还未被大量采用。

瓷横担是棒式绝缘子的另一种型式，如图 1-20 所示，适用于高压输配电线路，它代替了针式、悬式绝缘子，且省去了横担。

瓷横担具有的优点是：

（1）绝缘水平高，事故率低，运行安全可靠。

（2）由于代替了部分横担，因此能大量地节约木材和钢材。

（3）结构简单，安装方便。

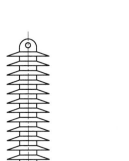

图 1-19 棒式绝缘子

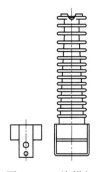

图 1-20 瓷横担

瓷横担具有的缺点如下：

（1）强度不够。

（2）线间距小。

（3）只能应用于小型号导线。目前应用于10～110kV 输配电线路上。

由于瓷横担是一种具有普通伞裙且无棱槽结构的绝缘子，当水平安装时，雨水水球被裙边阻隔不易成串，从而降低了湿放电电压值。因此根据横担的受力特点，10kV 线路角钢支架一般向上翘 10°，35kV 及 110kV 线路，水平角钢支架一般向上翘 5°，如图 1-21 所示。

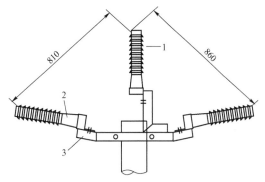

图 1-21 10kV 瓷横担小转角安装图
1—顶相瓷横担；2—边相瓷横担；3—角钢支架

运行中的各种绝缘子，均不应出现裂纹、损伤、表面过分脏污和闪络烧伤等情况。

6. 合成绝缘子

合成绝缘子是棒形悬式合成绝缘子的简称。它由伞裙、芯棒和端部金具等组成，110kV 以上线路用合成绝缘子还配有均压环，如图 1-22 所示。伞盘由硅橡胶为基体的高分子聚合物制成，具有良好的憎水性，抗污能力强。芯棒采用环氧玻璃纤维制成，具有很高的抗拉强度和良好的减振性、抗蠕变性以及抗疲劳断裂性。

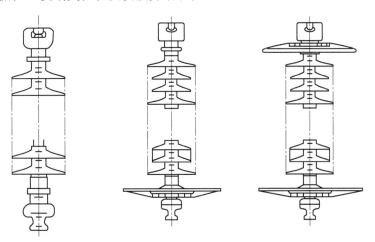

图 1-22 合成绝缘子

合成绝缘子选用高强度玻璃钢芯棒和耐气候变化性优异的硅橡胶材料分别满足其使用的机械和电气性能的要求。这种结构的绝缘子将材料的性能发挥到极致，因而它具有如下特点：① 体积小、质量轻，安装运输方便；② 机械强度高；③ 抗污闪能力强；④ 无零值，可靠性高；⑤ 抗冲击破坏能力强。

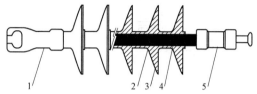

图 1-23　合成绝缘子结构图

1，5—端部金具；2—内护套；

3—外护套及伞裙；4—芯棒

合成绝缘子是用高机械强度的玻璃钢棒作为中间芯棒，以担负绝缘子的机械负荷，棒外装上用有机合成材料制成，具有良好电气性能的绝缘子伞裙，两端配有金具（俗称钢帽、钢脚），其基本结构见图 1-23。

（1）芯棒材料。合成绝缘子的机械负荷是通过金具芯棒来承担的，因此必须满足的条件有：足够的机械强度；作为绝缘子的内绝缘还须有良好的电气性能；满足制作中耐高温的要求；耐酸的侵蚀；足够的使用寿命。

（2）伞裙与护套材料。伞裙与护套是合成绝缘子的外绝缘，并起保护芯棒的作用。故伞裙与护套是合成绝缘子的关键部件之一，其性能的优劣将直接影响合成绝缘子的寿命。因此，除要求它具有良好的介电性能外，还需要具有优良的适应气候的特性，优异的憎水性，抗漏电起痕性，耐臭氧老化和耐电弧性。

（3）端部金具连接结构。合成绝缘子的机械性能不仅与芯棒强度有关，而且在很大程度上取决于芯棒与金具的连接强度，因为金具内芯棒的应力较金具外芯棒的应力要复杂得多，故合成绝缘子发生机械故障时的机械负荷通常总是低于芯棒的机械破坏强度。为此，国内外针对端部金具结构做了广泛的研究，提出了多种端部金具结构型式，但从原理上归结起来只有黏接、压接、楔接、机械连接四种基本结构型式。

第四节　拉　　线

为了防止架空线路杆塔倾覆、杆塔承受过大的弯矩和横担扭歪等，需要在杆塔或横担等部位装设拉线。

拉线的作用是使拉线产生的力矩平衡杆塔承受的不平衡力矩，增加杆塔的稳定性。凡承受固定性不平衡荷载比较显著的电杆，均应装设拉线。为了避免线路受强大风力荷载的破坏，或在土质松软的地区为了增加电杆的稳定性，也应装设拉线。

一、拉线的种类

根据拉线的用途和作用的不同，一般有以下几种。

1. 普通拉线

普通拉线（见图 1-24）用在线路的终端、转角、分歧杆等处，电杆受单向拉力，为使电杆受力平衡，不致倾倒，要在电杆受力方向的反面打拉线；拉线的作用是起平衡拉力的作用（或平衡固定性不平衡荷载）。电杆与拉线的夹角一般为 45°，受地形限制时，不应小于 30°。

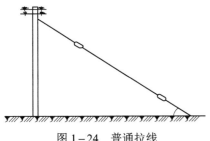

图 1-24　普通拉线

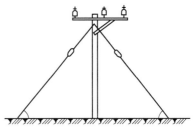

图 1-25　人字拉线

2. 人字拉线

人字拉线（见图 1-25），是由两根普通拉线组成，装在线路垂直方向电杆的两侧，用于直线杆塔防风时，垂直于线路方向；用于耐张杆塔时顺线路方向。线路直线耐张段较长时，一般每隔 7～10 基电杆做一个人字拉线。

3. 十字拉线

十字拉线也叫四方拉线。在横线路方向电杆两侧和顺线路方向电杆的两侧都装设拉线，作用是用以增强耐张单杆和土质松软地区电杆的稳定性。

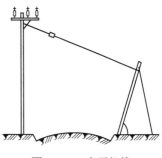

图 1-26　水平拉线

4. 水平拉线

水平拉线（见图 1-26）也叫过道拉线。由于电杆距离道路太近，不能就地安装拉线或跨越其他设备时，则采用水平拉线。即在道路另一侧立一根拉线杆，在此杆上做一条水平过道拉线和一条普通拉线，过道拉线应保持一定高度，以免妨碍行人和车辆。

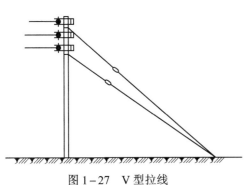

图 1-27　V 型拉线

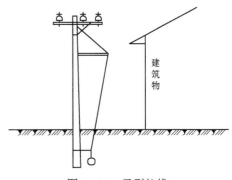

图 1-28　弓型拉线

5. 共用拉线

共用拉线也叫共同拉线。在直线线路的电杆上产生不平衡拉力时，因地形限制不能安装拉线时，可采用共用拉线；即将拉线固定在相邻电杆上，用以平衡拉力。

6. V 型拉线

V 型拉线（见图 1-27）分为垂直 V 型和水平 V 型两种，主要用在电杆较高、横担较多、架设导线条数较多时，在拉力合力点上下两处各安装一条拉线，其下部则为一条拉线棒。

7. 弓型拉线

弓型拉线（见图 1−28）也叫自身拉线。为防止电杆弯曲，因地形限制不能安装拉线时可采用弓型拉线，此时电杆的地中横木要适当加强。

二、拉线的结构

城网、农网改造后，配电线路已经很少采用木杆、铁绞线、心型环、地横木等，大多采用钢绞线、楔型线夹、拉线盘等材料，使拉线的承力得到进一步改善，也使安装、调整过程简单化。

配电线路杆塔的拉线从上到下一般由下列元件构成：拉线抱箍、U 型环、楔型线夹（俗称上把）、绞线、拉线绝缘子、绞线、UT 型线夹（俗称下把、底把）、拉线棒和拉线盘（过去采用地横木）。一般拉线结构如图 1−29 所示。

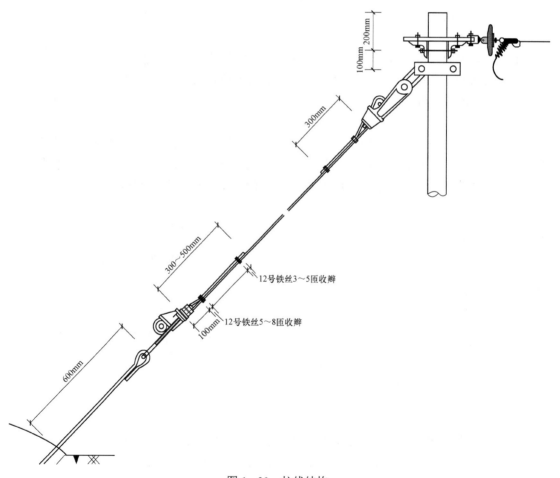

图 1−29　拉线结构

1. 拉线抱箍

拉线抱箍（见图 1−30）一般固定在横担下方不大于 0.3m 处。

2. U 型环（见图 1-31，其参数见表 1-12）

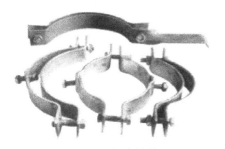

图 1-30 拉线抱箍

图 1-31 U 型环

表 1-12　　　　　　　　　　　**U 型 环 参 数 表**

型号	适用范围	破坏荷重不小于（kN）	重量（kg）
UL-7	与 NX-1 线夹配套	69	0.65
UL-10	与 NX-2 线夹配套	98	0.92
UL-16	与 NX-3 线夹配套	157	1.64
UL-20	与 NX-4 线夹配套	196	2.90

3. 楔型线夹（俗称上把，见图 1-32，其参数见表 1-13）

图 1-32 楔型线夹

表 1-13　　　　　　　　　　　**楔 型 线 夹 参 数 表**

型　号	适用钢绞线		破坏荷重不小于（kN）	重量（kg）
	型　号	外径（mm）		
NX-1	GJ-25～50	6.6～7.8	45	1.19
NX-2	GJ-50～70	9.0～11.0	88	1.76
NX-3	GJ-100 ～120	13.0～14.0	143	3.20
NX-4	GJ-135～150	15.0～16.0	164	5.30

4. 拉线绝缘子

钢筋混凝土电杆的拉线一般不装设拉线绝缘子，如拉线从导线之间穿过，应装设与线路电压等级相同的拉线绝缘子或采取其他绝缘措施。拉线绝缘子应装在最低导线以下，在断拉线的情况下，拉线绝缘子离地面高度不应低于2.5m。拉线绝缘子的强度安全系数不应小于3.0，因此，拉线的设计应严格执行规程要求。但是，拉线绝缘子毕竟没有直拉牢固，必须用钢丝卡卡牢，要保证绝缘子两端钢线绝对能承受线路侧的拉力。

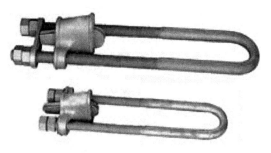

图 1-33　UT 型线夹（可调式）

5. UT 型线夹（俗称下把、底把，见图 1-33，其参数见表 1-14、表 1-15）

表 1-14　　　　　　　　　　　　　可调式 UT 型线夹参数表

型号	适用钢绞线		破坏荷重不小于（kN）	重量（kg）
	型号	外径（mm）		
NUT-1	GJ-25~50	6.6~9.0	45	2.1
NUT-2	GJ-50~70	9.0~11.0	88	3.2
NUT-3	GJ-100~120	13.0~14.0	143	5.4
NUT-4	GJ-135~150	15.0~16.0	164	7.2

表 1-15　　　　　　　　　　　　　不可调式 UT 型线夹参数表

型号	适用钢绞线		破坏荷重不小于（kN）	重量（kg）
	型号	外径（mm）		
NU-3	GJ-100~120	13.0~14.0	143	4.21
NU-4	GJ-135~150	15.0~16.0	164	7.27

6. 拉线棒

拉棒从拉盘拉出方向要与拉线对应，而拉盘埋入时拉盘的平面要与拉棒垂直，拉线棒与拉线盘的连接应使用双螺母。埋设拉线盘的拉线坑应有滑坡（马道），拉线坑、杆坑的回填土，应每 0.3m 夯实一次，最后必须培出高于地面 0.3~0.5m 的防沉土台，在拉线和电杆易受洪水冲刷的地方，应设保护桩。

三、拉线的制作

拉线的制作过程主要是钢绞线做回头和回头尾线的固定绑扎。

1. 钢绞线的截取

钢绞线截取长度可以进行计算，但考虑到拉线制作所使用金具、绝缘子的差别，计算长度往往和实际有一定出入，通常可根据经验估计实际长度。但有拉线绝缘子的拉线钢绞线分为上、下两部分，上部长度应保证拉线绝缘子有合适的位置。

钢绞线在截取前应用扎丝在剪断处两侧各缠三到五圈，然后再剪断，防止钢绞线散股。

2. 钢绞线回头的制作方法

制作回头前应量取回头的长度，一般上、下把回头长度可取 300~500mm。回头的制作方法如图 1−34 所示。

3. 将钢绞线穿入楔型线夹并将回头绑扎固定

把钢绞线穿入楔型线夹时，短头应从楔型线夹的凸肚侧穿出，钢绞线应紧贴楔型线夹的舌板。弯的大小与钢绞线的粗细、楔型线夹的大小有关，钢绞线应与楔型线夹配套使用。钢绞线与舌板之间的间隙越小越好。

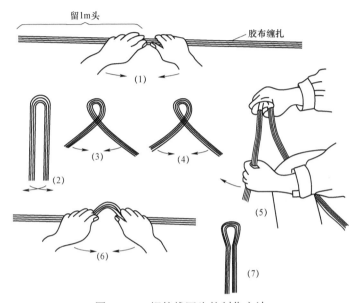

图 1−34　钢绞线回头的制作方法

在以前的拉线制作中，由于没有楔型线夹，绑扎铁丝通常采用 8 号铁丝，对缠绕长度也有严格的规定，如表 1−16 所示。

表 1−16　　　　　　　　　　　拉线钢绞线的回头绑扎长度规定

钢绞线截面（mm²）	上把（mm）	绝缘子（mm）	下端（mm）	下把花缠（mm）	上（mm）
25	200	200	150	250	80
35	250	250	200	250	80
50	300	300	250	250	80

现在由于采用了楔型线夹，即使不用绑扎，钢绞线也无法从楔型线夹中抽出，所以绑扎只是起简单固定和美观的作用。建议采用 12 号或 10 号铁丝，上把缠绕长度不小于 20mm，下把不小于 40mm，钢绞线端头漏出 50mm，缠绕后用钳子拧两到三回结辫。

四、拉线安装的有关要求

（1）拉线装设的方向应与电杆的受力方向相反且在同一条直线上。承力拉线应与线路方向的中心线对正；分角拉线与线路分角线对正；防风拉线应与线路垂直。

（2）拉线与地面的夹角越小效果就越好，但线路占地范围大，所以拉线与地面夹角一般为 45～60°。

（3）配电线路拉线不宜固定在横担上，拉线抱箍设于横担下 200～300mm。

（4）拉线受力较大时应采用拉线棒和拉线盘。拉线棒应与拉线盘垂直，拉线棒出土漏出地面长度为 500～700mm，拉线坑需挖一马道，拉线盘距地面 1.2～1.5m。

（5）高压杆应采用 50 以上的钢绞线；低压杆可用较细的钢绞线，但需要满足拉力和安全系数的要求。

（6）采用楔型线夹、UT 型线夹时，尾线长度为 300～500mm，在凸肚侧穿出。装设后无抽筋现象，钢绞线贴紧舌板。

（7）无论采用 UT 型线夹还是花篮螺栓，拉线安装完毕，都应有一半以上的调整长度，以便以后拉线松的时候进行调整。采用花篮螺栓时应用 8 号铁丝封固。

（8）安装的拉线绝缘子位置，应使拉线断线而沿电杆下垂时，绝缘子离地面的高度在 2.5m 以上，不致触及行人。同时使绝缘子距电杆最近应在 2.5m 以上，以便在杆上作业时不致触及接地部分，如图 1-35 所示。

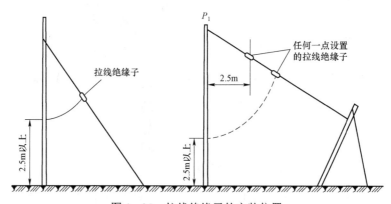

图 1-35　拉线绝缘子的安装位置

（9）拉线跨越道路时应距地面保证 5m 以上的高度，如不满足，可采用高桩拉线。高桩拉线的拉线柱埋深为杆长的 1/6 以上，有无坠线视情况而定，拉线柱应向张力反方向倾斜 100～200°，坠线与拉线柱夹角不小于 300°，坠线固定点距顶端 250mm。

（10）在地形条件受到限制的地方无法安设拉线时，可用撑杆代替拉线稳定电杆。使用撑杆时，其梢径不得小于 16cm，撑杆与电杆的夹角以 25～260° 为最经济（误差 50）。埋设深度为 0.8～1m，撑杆与主杆固定结合处应削成斜面，用螺栓紧固，再以 8 号铁线在螺丝上下两端各缠 5 圈。对于混凝土电杆，用两副拉线抱箍固定即可。

（11）采用楔型线夹及 UT 型线夹固定的拉线安装时，要做到：

1）安装前丝扣上应涂润滑剂；

2）夹舌板与拉线接触应紧密，受力后无滑动现象，线夹的凸肚应在尾线侧，安装时不得损伤导线；

3）拉线弯曲部分不应有明显松股，线夹处露出的尾线长度不宜超过 0.4m；

4）同一组拉线使用双丝夹时，其尾线端的方向应作统一规定。

（12）采用拉桩杆的拉线安装应符合下列规定：

1）拉桩杆埋设深度不应小于杆长的 1/6；

2）拉桩杆应向反方向倾斜 15°20′；

3）拉桩坠线与拉桩夹角不应小于 30°；

4）拉桩坠线上端固定点的位置距拉桩杆顶应为 0.25m，距地面不应小于 4.5m。

（13）采用顶杆（撑杆）安装时，应符合下列规定：

1）符合设计要求；

2）顶杆底部埋深不小于 0.5m；

3）主杆连接紧密、牢固。

（14）拉线角度应符合下列规定：

1）线路拉力较大时，拉线与电杆的夹角不得小于 45°，理论上夹角越大越好，但要考虑经济核算。当线路拉力较小又受地形限制，且不能达到 45° 角时，拉线与电杆的夹角不得小于 30°，否则会失去拉线的力度。

2）线路的夹角如大于 90°，必须加装上风拉线，防止转角杆向内倾斜。

3）终端杆的拉线及耐张杆承力拉线应与线路方向对正，分角拉线与线路分角线方向对应，防风拉线应与线路方向垂直。

（15）同杆架设的多回路线路在施工中，如果先收上端导线，就应先做上端的拉线，相应地后做下端拉线，再收下端导线。这样，能让电杆及拉线在第一道工序完成后有个适应过程，使第一道拉线达到一定的拉力。而在做第二道拉线时，第二道拉线的拉力要保持与第一道拉线相等，这样才能使两道拉线承受同样的拉力。

第五节　配电线路常用金具

线路金具是用于将电力线路杆塔、导线、避雷线和绝缘子连接起来，或对导线、避雷线、绝缘子等起保护作用的金属零件。

线路金具一般都是由铸钢或可锻铸铁制成。由于线路金具长期在大气条件下运行，除需要承受导线、避雷线和绝缘子等自身的荷载外，还需要承受覆冰和风的荷载，因此要求线路金具应具有足够的机械强度。对连接导电体的部分金具，还应具有良好的电气性能。

一、金具用途和分类

金具按结构性能、安装方法和使用范围划分，大致可分以下五类。

1. 线夹类金具

（1）悬垂线夹。

悬垂线夹在线路正常运行情况下，主要承受导线的垂直荷载和水平风荷载组成的总荷载。因此，悬垂线夹应在导线产生最大荷载时，其机械强度应满足安全系数的要求。

1）U 型螺丝式悬垂线夹。

U 型螺丝式悬垂线夹是利用两个 U 型螺丝压紧压板，使导线固定在线夹的船体中，线夹船体由两块挂板吊挂，线夹转动轴和导线在同一轴线上，回转灵活，如图 1-36 所示。握力较大，适用于安装中小截面铝绞线及钢芯铝绞线。安装时，应在导线外层包缠 1mm×10mm 的铝包带 1～2 层。

线夹的型号有 XGU-1、XGU-2、XGU-3、XGU-4 共四种。悬垂线夹与导线配合见表 1-17。

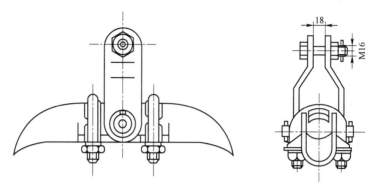

图 1-36　XGU-1、2、3、4 型悬垂线夹

表 1-17　　　　　　　　　　　悬垂线夹与导线配合表　　　　　　　　　单位：mm²

导线型号 ＼ 线夹	XGU-1	XGU-2	XGU-3	XGU-4
LGJ	16~25	35~70	95~150	185~240
LJ	16~25	35~70	95~150	—
TJ	16~25	35~70	95~150	—

用于避雷线的悬垂线夹，它的型号为 XGB-1 或 XGB-2。悬垂线夹与避雷线配合见表 1-18。

表 1-18　　　　　　　　　　悬垂线夹与避雷线配合表

悬垂线夹型号	XGB-1	XGB-2
避雷线型号（mm²）	GJ 25~35	GJ 50~70

2）加装 U 型挂板悬垂线夹。

加装 U 型挂板悬垂线夹线槽直径较大，改变了悬挂方向，适用于安装大截面钢芯铝绞线或包缠有预绞式护线条的钢芯铝绞线，如图 1-37 所示。线夹的型号有 XGU-5B（适用于 LGJ-300、LGJ-400、LGJQ-300、LGJQ-400、LGJ-240 包缠预绞丝）、XGU-6B（适用于 LGJQ-300~LGJQ-400 包缠预绞丝）两种。

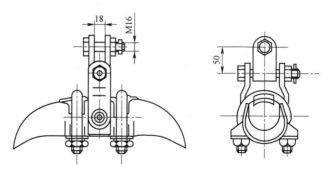

图 1-37　XGU-5B 及 XGU-6B 型悬垂线夹

3）加装碗头挂板悬垂线夹。

在直线杆塔悬垂线夹上，加装 XP-70 型（X-4.5 型）绝缘子配套用的 WS-7 碗头挂板，不但可以缩短绝缘子串长度，而且减少挂板弯矩。

加装碗头挂板悬垂线夹，适用于安装大截面的钢芯铝绞线及包缠预绞丝护线条的钢芯铝绞线。线夹如图 1-38 所示。线夹的型号有 XGU-5A（适用导线 LGJ-300～LGJ-400、LGJQ-300～LGJQ-400）、XGU-6A（适用 LGJQ-300～LGJQ-400 导线包缠预绞丝）两种。

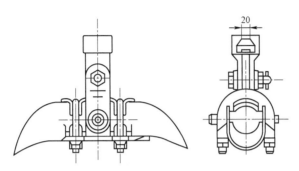

图 1-38　XGU-5A 及 XGU-6A 型悬垂线夹

4）铝合金悬垂线夹。

线夹船体及压板以铝合金铸造而成，无挂板，悬挂点位于导线轴线上方。这种线夹强度高、重量轻、磁损小，适用于安装中小截面的铝绞线及钢芯铝绞线，如图 1-39 所示。

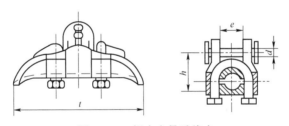

图 1-39　铝合金悬垂线夹

线夹的型号有 XGH-3（适用于导线 LGJ-95～LGJ150）、XGH-4（适用于 LGJ-185～LGJ240）、XGH-5（适用于 LGJ-300～LGJ400）三种。

5）垂直排列双悬垂线夹。

220kV 线路采用二分裂导线呈垂直排列布置时，由相适应的两个普通线夹的船体吊挂在一副整体钢制挂板上构成。这种悬挂的垂直排列双线夹可以单独在挂板上转动，受到风荷载时，线夹与绝缘子一起摆动。线夹形状如图 1-40 所示。线夹的型号有 XCS-5（适用导线 LGJ-185～LGJ240 包缠预绞丝）、XGS-6（适用导线 LGJ-300～LGJ-400 包缠预绞丝）两种。

（2）耐张线夹。

耐张线夹是用来将导线或避雷线固定在特种承力杆塔的耐张绝缘子串上，起锚固作用，也用来固定拉线杆塔的拉线。

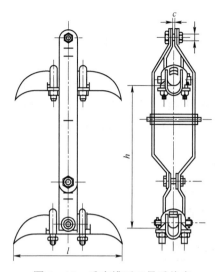

图 1-40　垂直排列双悬垂线夹

耐张线夹按结构和安装条件的不同，其使用大致可分为两种情况。

1）耐张线夹要承受导线或避雷线（拉线）的全部拉力，线夹握力不应小于被安装导线或避雷线计算拉断力的 90%，但不作为导电体。这类线夹，导线安装后还可以拆下，另行使用。线夹型式包括螺栓型耐张线夹、压缩型耐张线夹和楔型耐张线夹等。

2）耐张线夹除承受导线或避雷线的全部拉力外，又作为导电体。因此线夹一旦安装后，就不能再进行拆卸。

螺栓型耐张线夹，是借助 U 型螺丝的垂直压力与线夹的波浪形线槽所产生的摩擦效应来固定导线。

a. 倒装式螺栓型耐张线夹。倒装式螺栓型耐张线夹充分利用了线夹曲度部分产生的摩擦力，从而减轻了 U 型螺丝的承载应力，提高了线夹的握力，减少了螺丝数量。线夹本体和压板由可锻铸铁制造，适用于安装中小截面铝绞线和钢芯绞线。安装时在外围缠绕 1mm×10mm 铝包带。线夹形状如图 1-41 所示。线夹型号有 NLD-1、NLD-2、NDL-3、NLD4 四种。倒装式螺栓型耐张线夹与导线配合见表 1-19。

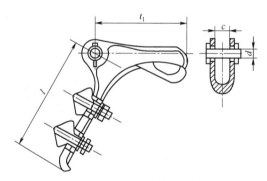

图 1-41　倒装式螺栓型耐张线夹

表 1-19　　　　　　　　　　　　　　倒装式螺栓型耐张线夹与导线配合表　　　　　　　　　　单位：mm²

导线型号 ＼ 线夹	NLD-1	NLD-2	NLD-3	NLD-4
LGJ	16～35	50～70	95～150	185～240
LJ	16～50	70～95	120～185	—
TJ	16～50	70～95	120～185	—

这种线夹的受力侧没有 U 型螺丝固定，所有的 U 型螺丝装在跳线侧。这种线夹不能反装，否则会降低线夹机械强度，甚至造成断裂事故。线夹正确的安装方法如图 1-42 所示。

线夹的错误安装方法如图 1-43 所示。

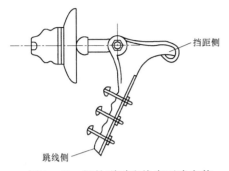

图 1-42　螺栓型耐张线夹正确安装

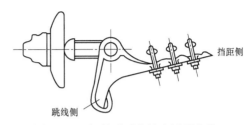

图 1-43　螺栓型耐张线夹错误安装

b. 冲压式螺栓型耐张线夹。以钢板冲压制造的倒装耐张线夹，其 U 型螺丝向上安装，适用于安装小截面的铝绞线及钢芯铝绞线。线夹的形状如图 1-44 所示。线夹型号有 ND-201、ND-202、ND-203、ND-204 四种。

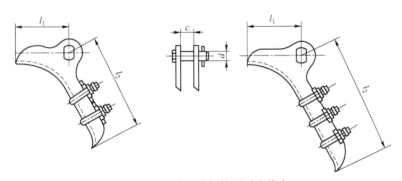

图 1-44　冲压式螺栓型耐张线夹

c. 铝合金螺栓型耐张线夹。以铝合金代替可锻铸铁制造的倒装式螺栓型耐张线夹，线夹重量大为减轻，握力增大，适用于安装中小截面的铝绞线及钢芯铝绞线。线夹的形状如图 1-45 所示。线夹型号有 NLL-2（适用于导线 LGJ-70～LGJ-95）、NLL-3（适用于导线 LGJ-l20～LGJ-150）两种。

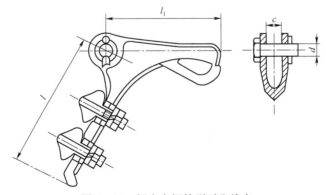

图 1-45　铝合金螺栓型耐张线夹

d. 低压绝缘集束线楔型耐张金具，绝缘集束线由绝缘板加紧，绝缘板用不饱和酚醛树脂制造，外加板采用热镀锌钢板或不锈钢板制造。

2. 连接金具

连接金具主要用于耐张线夹、悬式绝缘子（槽型和球窝型）、横担等之间的连接。与槽型悬式绝缘子配套的连接金具可由 U 型挂环、平行挂板等组合；与球窝型悬式绝缘子配套的连接金具可由直角挂板、球头挂环、碗头挂板等组合。金具的破坏载荷均不应小于该金具型号的标称载荷值，7 型不小于 70kN；10 型不小于 100kN；12 型不小于 120kN 等。所有黑色金属制造的连接金具及紧固件均应热镀锌，其机械强度安全系数一般不小于 2.5。

（1）U 型挂环。U 型挂环是用圆钢锻制而成，U 型挂环的用途较广，可单独使用，也可两个串装使用，它用于绝缘子串或避雷线金具之间相互连接组合，金具同杆塔连接等。结构形状如图 1-46 所示，其主要技术参数见表 1-20。U 型挂环型号有 U-7～U-50 共 8 种。

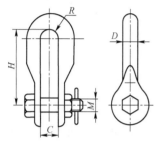

图 1-46 U 型挂环

表 1-20　　　　　　　　　　　　　U 型挂环主要技术参数

型号	尺寸 C（mm）	尺寸 M（mm）	尺寸 D（mm）	尺寸 H（mm）	尺寸 R（mm）	破坏荷重（kN）	重量（kg）
U-7	20	16	16	60	22	70	0.5
U-7B	20	16	16	80	22	70	0.6
U-10	22	18	18	70	24	100	0.6
U-10B	22	18	18	85	23	100	0.7
U-12	24	22	20	80	30	120	1.0
U-16	26	24	22	90	32	160	1.5
U-16T	28	24	22	90	32	160	1.5
U-20	30	27	24	100	36	200	2.3
U-20B	30	27	24	115	36	200	2.4
U-25	34	30	26	110	40	250	2.8
U-30	38	36	30	130	46	300	3.7
U-50	34	42	36	150	55	500	7.0

（2）平行挂板。平行挂板用于连接槽型悬式绝缘子，以及单板与单板、单板与双板的连接，仅能改变组件的长度，而不能改变连接方向。平行挂板一般采用中厚度钢板以冲压和剪割工艺制成。

单板平行挂板（PD 型）。多用于与槽型绝缘子配套组装，如图 1-47 所示。其主要技术参数见表 1-21。

双板平行挂板（P 型），用于与槽型悬式绝缘子组装以及与其他金具连接，如图 1-48 所示，其主要技术参数见表 1-22。

三腿平行挂板（PS 型），用于槽型悬式绝缘子与耐张线夹的连接，双板与单板的过渡连接等，如图 1-49 所示。

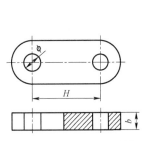

图 1-47　PD 型平行挂板

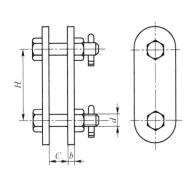

图 1-48　P 型平行挂板

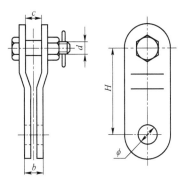

图 1-49　PS 型平行挂板

表 1-21　　　　　　　　　　　PD 型平行挂板主要技术参数表

型号	主要尺寸（mm）			质量（kg）
	b	ϕ	H	
PD-7	16	18	70	0.45
PD-10	16	20	80	0.67
PD-12	16	24	100	0.94

表 1-22　　　　　　　　　　　P 型平行挂板主要技术参数表

型号	主要尺寸（mm）				质量（kg）
	b	C	d	H	
PD-7	6	18	16	70	0.6
PD-10	8	20	18	80	0.85
PD-12	10	24	22	90	1.52
PD-16	12	26	24	100	2.42

（3）直角挂板。直角挂板的连接方向互成直
角，可以，改变金具与金具连接组合方向。变换
灵活，适应性强。直角挂板一般采用中厚度钢板
经冲压弯曲而成，直角挂板可分为三腿直角挂板
（ZS 型）和四腿直角挂板（Z 型挂板），Z 型直角
挂板如图 1-50 所示。Z 型直角挂板的常用型号有
Z-7、Z-10、Z-12、Z-16 等多种，其主要技术
参数见表 1-23。

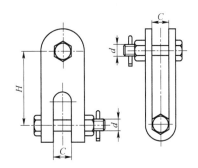

图 1-50　Z 型直角挂板

表 1-23   Z 型直角挂板主要技术参数表

型号	主要尺寸（mm）			质量
	C	d	H	（kg）
Z-7	18	16	80	0.64
Z-10	20	18	80	0.83
Z-12	24	22	100	1.32
Z-16	26	24	100	2.48

（4）球头挂环。球头挂环的钢脚侧用于与球窝型悬式绝缘子上端钢帽的窝连接，球头挂环侧根据使用条件分为圆环接触和螺栓平面接触两种，与横担连接，球头挂环分 Q 型、QP 型和 QH 型，如图 1-51 所示。其常用型号有 Q-7 和 QP-7～QP-30 共 6 种。其主要技术参数见表 1-24。

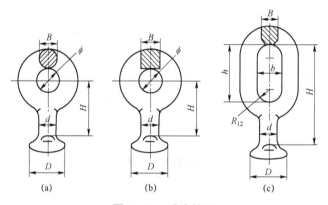

图 1-51 球头挂环
（a）Q 型；（b）QP 型；（c）QH 型

表 1-24   Q 型、QP 型、QH 型球头挂环主要技术参数表

型号	主要尺寸（mm）							质量（kg）
	B	b	d	D	ϕ	H	h	
Q-7	16	—	17	33.3	22	50	—	0.30
QP-7	16	—	17	33.3	18	50	—	0.27
QP-10	16	—	17	33.3	20	50	—	0.32
QP-12	16	—	17	33.3	24	50	—	0.40
QP-16	20	—	21	41.0	26	60	—	0.50
QH-7	16	24	17	33.3	—	100	57	0.48

在选用球头挂环时，应尽量避免点接触的组装方式，图 1-52（a）、（b）是正确连接方式，图 1-52（c）、（d）是不正确连接方式。

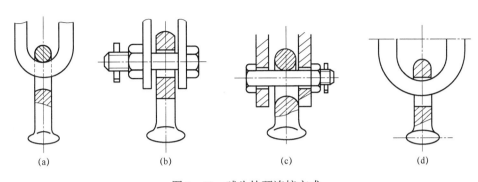

图 1-52　球头挂环连接方式

（a）正确连接；（b）正确连接；（c）不正确连接；（d）不正确连接

（5）碗头挂板。碗头挂板如图 1-53 所示，碗头侧用来连接球窝型悬式绝缘子下端的钢脚（又称球头），挂板侧一般用来连接耐张线夹等。单联碗头挂板一般适用于连接螺栓型耐张线夹，单碗头挂板分长短两种，A 表示短型、B 表示长型。为避免耐张线夹的跳线与绝缘子瓷裙相碰，可选用长尺寸的 B 型；双联碗头挂板一般适用于连接开口楔型耐张线夹。碗头挂板的型号：单联碗头挂板有 W-7A、W-7B、W-12 共 3 种，双联碗头挂板有 WS-7～WS-30 共 6 种。其主要技术参数见表 1-25 和表 1-26。

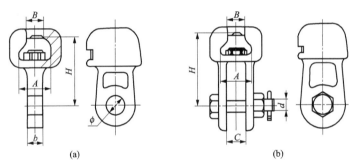

图 1-53　碗头挂板

（a）单联（W 型）；（b）双联（WP 型）

表 1-25　　　　　　　　　单联碗头挂板（W 型）主要技术参数表

型号	主要尺寸（mm）					质量（kg）
	b	B	A	H	ϕ	
W-7A	16	19.2	34.5	70	20	0.82
W-7B	16	19.2	34.5	115	20	1.01

表 1-26　　　　　　　　　双联碗头挂板（WS 型）主要技术参数表

型号	主要尺寸（mm）					质量（kg）
	C	B	A	H	d	
WS-7	18	19.2	34.5	70	16	0.97

续表

型号	主要尺寸（mm）					质量（kg）
	C	B	A	H	d	
WS-10	20	19.2	34.5	85	18	1.20
WS-12	24	19.2	34.5	85	22	1.92
WS-16	26	23.0	42.5	95	24	2.64

（6）联板。联板用于双绝缘子串、三绝缘子串的并联组装，绝缘子串与双根导线的组装及双根拉线组装等。根据使用条件，联板可分为以下三种。

1）L 型联板。L 型联板用于双联或三联耐张绝缘子串与单导线组装，单串绝缘子与双根分裂导线组装。L 型联板型号有 L-1040、L-1240、L-1640、L-2040、L-2540、L-3040 共 6 种。三联版型号有 L-2060、L-3060 两种。

2）LS 联板。LS 联板系双联耐张绝缘子串与双根导线组装，用于变电站的联板和双联缘子串与双悬垂线夹组装之用。联板的型号有 LS-1212、LS-1221、LS-1225、LS-1229、LS-1233、LS-1237、LS-1255 多种。

3）LV 型联板。LV 型联板用于双拉线组装及单联绝缘子串紧固双母线。其型号有 LV-0712、LV-1020、LV-1214、LV-2015、LV-3018 共 5 种。

4）牵引板。牵引板串联于耐张绝缘子串与横担固定端的其他连接金具组装中，以供在紧线时牵引耐张绝缘子串使用，牵引板的形状如图 1-54 所示，使用如图 1-55 所示。牵引板的型号有 QY-7、QY-10、QY-12、QY-16、QY-20、QY-30 共 6 种。

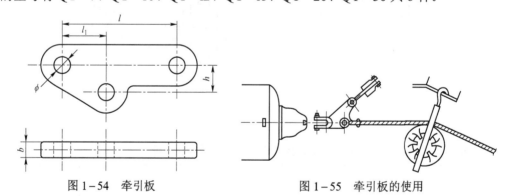

图 1-54　牵引板　　　　　　　　　图 1-55　牵引板的使用

5）调整板的形状如图 1-56 所示。调整板的型号有 DB-7、DB-10、DB-12、DB-16、DB-20、DB-30 共 6 种。

3. 接续金具

导线接续金具按承力可分为全张力接续金具和非全张力接续金具两类。按施工方法又可分为钳压、液压、螺栓接续及预绞式螺旋接续金具等。按接续方法还可分为绞接、对接、搭接、插接、螺接等。

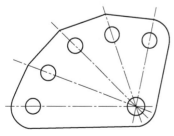

图 1-56　调整板

（1）全张力接续金具。

1）铝绞线用钳压接续管（椭圆型、搭接）如图 1-57 所示，其主要技术参数见表 1-27。接续管以热挤压加工而成，其截面为薄壁椭圆形，将导线端头在管内搭接，以液压钳或机械钳进行钳压。

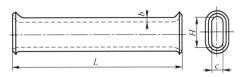

图 1-57　铝绞线用钳压接续管

表 1-27　　　　　　　　铝绞线用钳压接续管主要技术参数表

型号	适用导线		主要尺寸（mm）				握力（不小于，kN）
	型号	外径（mm）	b	H	c	L	
JT-16L	LJ-16	5.10	1.7	12.0	6.0	110	2.7
JT-25L	LJ-25	6.45	1.7	14.4	7.2	120	4.1
JT-35L	LJ-35	7.50	1.7	17.0	8.5	140	5.5
JT-50L	LJ-50	9.00	1.7	20.0	10.0	190	7.5
JT-70L	LJ-70	10.80	1.7	23.7	11.7	210	10.4
JT-95L	LJ-95	12.48	1.7	26.8	13.4	280	13.7
JT-120L	LJ-120	14.25	2.0	30.0	15.0	300	18.4
JT-150L	LJ-150	15.75	2.0	34.0	17.0	320	22.0
JT-185L	LJ-185	17.50	2.0	38.0	19.0	340	27.0

2）钢芯铝绞线用钳压接续管（椭圆形、搭接）如图 1-58 所示，其主要技术参数见表 1-28。

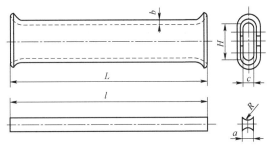

图 1-58　钢芯铝绞线用钳压接续管

钢芯铝绞线用的接续管内附有衬垫，钳压时从接续管的中端按要求交替顺序钳压完成。

表 1-28　　　　　　　　钢芯铝绞线用钳压接续管主要技术参数表　　　　单位：mm

型号	适用导线		主要尺寸						
	型号	外径	a	b	H	c	R	L	l
JT-16/3	LGJ-16	5.55	5.0	1.7	14.0	6.0	—	210	220
JT-25/	LGJ-25	6.96	6.5	1.7	16.6	7.8	—	270	280
JT-35/6	LGJ-35	8.16	8.0	2.1	18.6	8.8	12.0	340	350

续表

型号	适用导线		主要尺寸						
	型号	外径	a	b	H	c	R	L	l
JT－50/8	LGJ－50	9.60	9.5	2.3	22.0	10.5	13.0	420	430
JT－70/10	LGJ－70	11.40	11.5	2.6	26.0	12.5	14.0.	500	510
JT－95/15	LGJ－95	13.61	14.0	2.6	31.0	15.0	15.0	690	700
JT－120/20	LGJ－120	15.07	15.5	3.1	35.0	17.0	15.0	910	920
JT－150/25	LGJ－150	17.10	17.5	3.1	39.0	19.0	17.5	940	950
JT－185/25	LGJ－185	18.90	19.5	3.4	43.0	21.0	18.0	1040	1060
JT－240/30	LGJ－240	21.60	22.0	3.9	48.0	23.0	20.0	540	550

3）钢芯铝绞线液压对接接续管（含钢芯对接）由钢管和铝管组成，钢芯铝绞线用液压对接接续管如图 1－59 所示，图 1－59 中 M 是注油孔径。其主要技术参数见表 1－29。

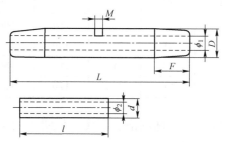

图 1－59　钢芯铝绞线用液压对接接续管

表 1－29　　　　　　　　　钢芯铝绞线用液压对接接续管主要技术参数表

型号	适用导线		主要尺寸（mm）							质量（kg）
	型号	导线外径（mm）	ϕ_2	d	l	ϕ_1	D	L	F	
JJY－95/15	LGJ－95	13.7	6.0	12	140	15.0	26	380	26	0.45
JJY－120/20	LGJ－120	15.2	6.6	12	160	16.5	26	430	26	0.47
JJY－150/25	LGJ－150	17.0	7.2	14	180	18.5	32	460	32	0.85
JJY－185/25	LGJ－185	19.0	8.1	16	200	20.5	34	530	34	1.06
JJY－240/30	LGJ－240	21.6	9.0	18	220	23.0	38	550	38	1.40

4）预绞式接续条如图 1－60 所示，用于导线损伤剪断重接，安装迅速、简便，一般接续条上粘有金属砂。预绞式接续条有适用于铝绞线的预绞式接续条和适用于钢芯铝绞线的预绞式接续条两种。

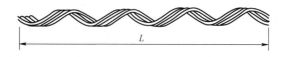

图 1－60　预绞式接续条

5）钢线卡子，如图1-61（a）所示，其主要技术参数见表1-30。采用可锻铸铁制造，并热镀锌，主要用于钢丝绳索的接续和架空线路拉线的接续。由于钢绞线刚性较强、钢线卡子握力有限，不易有效形成凹槽增加摩擦阻力，故极不稳定，通常只能用于临时拉线的紧固。其正确的安装方法如图1-61（b）所示。

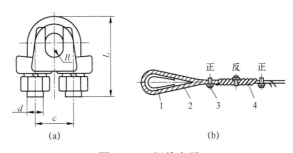

图1-61　钢线卡子
（a）钢线卡子；（b）钢线卡子安装方法

表1-30　　　　　　　　　　钢线卡子主要技术参数表

型号	适用钢绞线		主要尺寸（mm）				质量（kg）
	型号	外径（mm）	c	d	L	R	
JK-1	GJ-25	6.6	22	10	54	5	0.18
	GJ-35	7.8					
JK-2	GJ-50	9.0	28	10	72	6	0.30
	GJ-70	11.0					

（2）非全张力接续金具。

1）接续弹射C型楔型线夹，也称安普线夹，如图1-62所示，其主要技术参数见表1-31。该线夹使用击发弹药冲击力将楔块弹射楔紧导线，楔块上锁销卡住C型线夹。弹射过程中摩擦掉氧化膜，使接触面密实。C型线夹的弹簧可使导线与楔块间产生恒定的压力，保证电气接触良好。一般采用铝合金制造，可用于主线为铝绞线、分支线为铜绞线的接续。

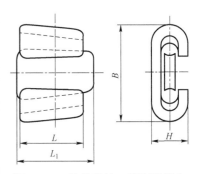

图1-62　接续弹射C型楔型线夹

该类型线夹可预制引流环作为中压架空绝缘线与设备连接用，除引流环裸露外，线夹其他部分可用绝缘自粘带包封。型号有JED-1～JED-5几种。其中J表示接续、E表示楔型、D表示弹射。

表1-31　　　　　　　　　接续弹射C型楔型线夹主要技术参数　　　　　　　单位：mm

型号	适用绞线直径		主要尺寸			
	主线	支线	L	L_1	B	H
JED-1	10.5～11.5	6.4～7.4	42	50	66	26
JED-2	15.0～16.0	6.4～7.4	42	50	66	26

型号	适用绞线直径		主要尺寸			
	主线	支线	L	L_1	B	H
JED－3	10.5～11.5	10.5～11.5	42	50	66	26
JED－4	15.0～16.0	10.5～11.5	42	50	66	26
JED－5	15.0～16.0	15.0～16.0	50	56	68	28

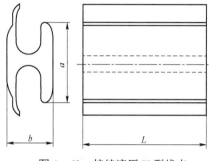

图 1－63　接续液压 H 型线夹

2）接续液压 H 型线夹，如图 1－63 所示，其主要技术参数见表 1－32。一般采用铝热挤压型材制造，用作永久性接续等径或不等径的铝绞线，也可用于主线为铝绞线、分支线为铜绞线的接续，接触面预先进行金属过渡处理。安装时使用液压机及专用配套模具，压缩成椭圆形。型号有等径 JH－1、JH－2、JH－3，不等经 JH－21、JH－31、JH－32 几种。其中 J 表示接续、H 表示 H 型线夹。

表 1－32　　　　　　接续液压 H 型线夹主要技术参数表　　　　　　单位：mm

型号	接线方式	适用导线直径范围	主要尺寸		
			a	b	L
JH－1	等径	6.45～7.50	29	18	45
JH－2	等径	9.00～10.80	38	23	45
JH－3	等径	12.90～14.50	38	23	70
JH－21	异径	9.00～10.80/6.45～7.50	30	23	45
JH－31	异径	12.90～14.50/6.45～7.50	38	23	45
JH－32	异径	12.90～14.50/9.00～10.80	38	23	70

3）铝异径并沟线夹用于铝绞线、钢芯铝绞线，如图 1－64 所示。铝异径并沟线夹型号有 LBY－1、JBY－2。其中 J 表示接续；B 表示并沟；Y 表示异径。其主要技术参数见表 1－33。适用于中小截面的铝绞线、钢芯铝绞线在不承受全张力的位置上的连接，可接续等径或异径导线。线夹压板、垫块均采用热挤压型材制成，紧固螺栓、弹簧垫圈等应热镀锌。根据材料的性能，铝压板应有足够的厚度，以保证压板的刚性。压板应单独配置螺栓。

表 1－33　　　　　　铝异径并沟线夹主要技术参数表

型号	适用绞线截面（mm²）	主要尺寸（mm）		
		L	h	B
JBY－1	16～120	46	44	66
JBY－2	50～240	60	45	70

4）铜铝过渡异径并沟线夹如图 1-65 所示，铜铝过渡异径并沟线型号有 LBYG-1、JBYG-2。其中 J 表示接续；B 表示并沟；Y 表示异径；G 表示铜铝过渡。其主要技术参数见表 1-34。铜铝过渡采用摩擦焊接或闪光焊接。

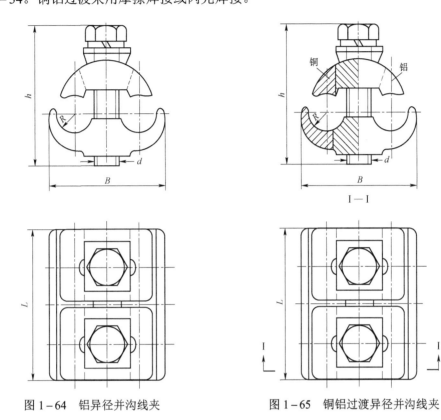

图 1-64　铝异径并沟线夹　　　　　图 1-65　铜铝过渡异径并沟线夹

表 1-34　　　　　　　　铜铝过渡异径并沟线夹主要技术参数表

型号	适用绞线截面（mm²）	主要尺寸（mm）		
		L	h	B
JBYG-1	16～120	45	48	66
JBYG-2	50～240	45	60	70

5）穿刺线夹，适用于绝缘导线的支接和链接。穿刺线夹型号系列很多，常见的穿刺线夹有低压 JJCB 型穿刺线夹和中压 JJCB10 型穿刺线夹。其中，J 表示接续；J 表示绝缘；C 表示穿刺线夹；B 表示并沟。中压穿刺线夹如图 1-66 所示；低压穿刺线夹如图 1-67 所示。主要技术参数见表 1-35、表 1-36。安装时把调整平直的导线放入线夹的正确位置后先用手拧紧，后用绝缘套筒扳手均匀拧紧力矩螺母。一般配置扭力螺母，设计扭断螺母则紧固到位。

4. 防护金具

防护金具也称保护金具，主要有保护架空电力线路的放电线夹、防振锤、护线条、保护子导线间距的间隔棒、绝缘子串的电气保护金具均压屏蔽金具、重锤等。

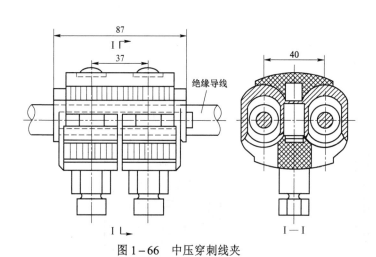

图 1－66　中压穿刺线夹

图 1－67　低压穿刺线夹

表 1－35　　　　　　　　　　　JJCB 型穿刺线夹主要参数

型号	适用导线（mm）		标称电流（A）	螺栓数量（个）
	主线	支线		
JJCB－240/240	95～240	95～240	476	2
JJCB－240/185	95～240	70～185	399	2
JJCB－185/95	70～185	16～95	257	2
JJCB－120/120	35～120	35～120	299	2
JJCB－70/50	25～70	6～50	162	1

表 1－36　　　　　　　　　　　JJCB10 型穿刺线夹主要参数

型号	适用导线（mm）		标称电流（A）	螺栓数量（个）
	主线	支线		
JJCB10－240/240	95～240	95～240	476	2
JJCB10－240/150	95～240	50～150	342	2
JJCB10－185/50	90～185	16～50	162	2
JJCB10－95/700	25～95	16～70	207	2

（1）放电线夹。放电线夹应用于中压绝缘线防雷击断线放电线夹，如图1-68所示。线夹为铝制，在直线杆安装，把绝缘子两侧绝缘导线的绝缘层各剥除500mm左右，将该线夹安装在两端。当雷击过电压放电时，使电弧烧灼线夹，而避免烧断、烧伤导线。

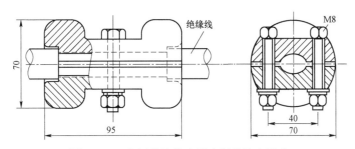

图1-68　中压绝缘线防雷击断线放电线夹

（2）防振锤。防振锤用于抑制架空输电线路上的微风振动，保护线夹出口处的架空线不疲劳破坏。常用的防振锤结构如图1-69所示，FD型用于导线，FG型用于钢绞线，FF型用于500kV导线，FR型为多频防振锤。

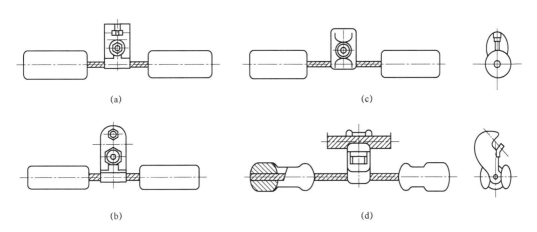

图1-69　常用的防振锤结构
（a）FD型防振锤；（b）FC型防振锤；（c）FF型防振锤；（d）FR型防振锤

FD型防振锤与导线配合见表1-37。FG型防振锤与避雷线配合见表1-38。

表1-37　　　　　　　　　　　　　　FD型防振锤与导线配合表

防振锤型号	FD-1	FD-2	FD-3	FD-4
导线型号（mm²）	LGJ 35～50	LGJ 70～95	LGJ 120～150	LGJ 185～240

表1-38　　　　　　　　　　　　　　FG型防振锤与避雷线配合表

防振锤型号	FG-35	FG-50
钢绞线型号（mm²）	35	50

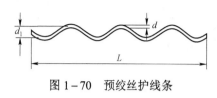

图 1-70 预绞丝护线条

（3）护线条。预绞丝护线条可用于大跨越线路导线抗振。利用具有弹性的高强度铝合金丝制成预绞丝，每组几根，紧缠在导线外层，装入悬挂点的线夹中。以增加导线的刚度，减少在线夹出口处导线的附加弯曲应力；也可对断股或划伤的导线进行修补。预绞丝护线条外形如图 1-70 所示。

（4）间隔棒。间隔棒用于维持分裂导线的间距，防止子导线之间的鞭击，抑制次挡距振荡，抑制微风振动。间隔棒有刚性和阻尼式两大类，如图 1-71 所示。阻尼式间隔棒其活动关节中嵌有胶垫，胶垫的阻尼特性能起消振作用。我国输电线路趋向于使用阻尼式间隔棒。

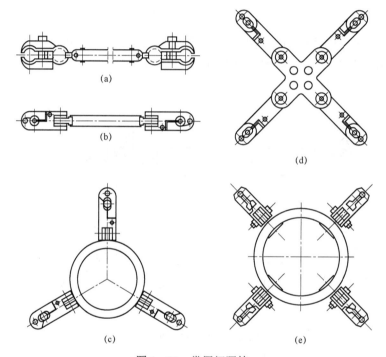

图 1-71 常用间隔棒
（a）FJQ 型刚性双分裂间隔棒；（b）FJZ 型阻尼式双分裂间隔棒；
（c）FJZ 型阻尼式三分裂间隔棒；（d）FJZ 型阻尼式四分裂间隔棒；
（e）JX4 型阻尼式四分裂间隔棒

（5）均压屏蔽金具。均压屏蔽金具是输电线路中的电气保护金具，用来控制绝缘子和其他金具上的电晕和闪络的发生。常用的有均压环和屏蔽环等。图 1-72 中，均压环控制导线侧一片绝缘子上的闪络，屏蔽环用于防止线夹和连接金具上的电晕。虚线部分所示为均压屏蔽环，起均压和屏蔽两种作用。

（6）重锤。重锤由重锤片、重锤座和挂板组成，见图 1-73。重锤片采用生铁铸造，每片 15kg，每个重锤座可以安装 3 个重锤片。重锤悬挂于悬垂线夹之下，用于增大垂向荷载，减小悬垂串的偏摆，防止悬垂串上扬。

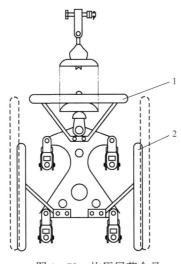

图 1-72　均压屏蔽金具

1—均压环；2—屏蔽环

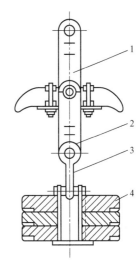

图 1-73　重锤应用

1—线夹；2—重锤挂板；3—U型挂环；4—重锤片

5. 拉线金具

拉线金具包括从杆塔顶端至地面拉线基础的出土环之间的所有零件（拉线除外），主要用于拉线的紧固、调节和连接，保证拉线杆塔的安全运行。常用的拉线金具如图 1-74 所示。拉线楔型线夹与拉线截面配合见表 1-39。UT 型线夹与拉线截面配合见表 1-40。

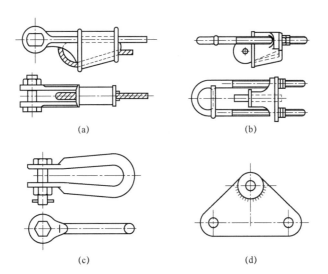

图 1-74　拉线金具

（a）楔型线夹；（b）UT 型线夹；（c）U 型环；（d）双拉线联板

表 1-39　　　　　　　　　拉线楔型线夹与拉线截面配合表

型号	NX-1	NX-2
拉线截面（mm²）	GJ-25~35	GJ-25~35

表 1-40　　　　　　　　　　　UT 型线夹与拉线截面配合表

型号	NUT-1	NUT-2
拉线截面（mm²）	GJ-25～35	GJ-25～35

（1）楔型线夹。楔型耐张线夹利用楔的臂力作用，使钢绞线锁紧在线夹内。楔型耐张线夹本体和楔子为可锻铸铁制造，钢绞线弯曲成与楔子一样的形状安装在线夹中。当钢绞线受力后，楔子与钢绞线同时沿线夹筒壁向线夹出口滑移，越拉越紧，逐渐呈缩紧状态。

楔型耐张线夹是用来安装钢绞线，紧固避雷线及固定杆塔的上端拉线。

楔型耐张线夹安装和拆除均较方便，线夹在安装好钢绞线后，线夹出口端头用 8 号镀锌铁线绑扎 10 圈，或采用钢线卡子，卡在钢线端头固定，如图 1-75 所示。线夹的形状见图 1-76。

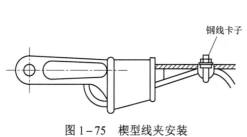

图 1-75　楔型线夹安装　　　　　　　图 1-76　NX 型耐张线夹

线夹的型号有 NX-1、NX-2、NX-3、NX-4 共四种。固定避雷线的耐张线夹主要是楔型线夹，它的型号为 NX，线夹与避雷线的配合见表 1-41。

表 1-41　　　　　　　　　　　耐张线夹与避雷线配合表

耐张线夹型号	NX-1	NX-2	NX-3	NX-4
避雷线型号（mm²）	GJ-25～35	GJ-50～70	GJ-100～120	GJ-150

（2）压缩型耐张线夹。用螺栓型耐张线夹安装大截面钢芯铝绞线（LGJ-185 及以上），线夹的握力达不到规定的要求，可采用压缩型耐张线夹。

压缩型耐张线夹是由铝管与钢锚组成，钢锚用来接续和锚固钢芯铝绞线的钢芯，然后套上铝管本体，以压力使金属产生塑性变形，从而使线夹与导线结合为一整体。按通常采用的结构型式，钢锚承受导线全部拉力，故它的机械强度是与导线计算拉断力相配合的。

压缩型耐张线夹的安装可采用液压或爆压。压缩后它不仅承受导线全部拉力，而且作为导电体，不论采用液压或爆压进行线夹的安装，都必须严格遵守有关操作规程。

1）常规钢芯铝绞线用压缩型耐张线夹，其形状如图 1-77 所示。现行标准的压缩型耐张线夹，其铝管是采用拉制铝管，跳线引流端子板是由铝管压扁而成。

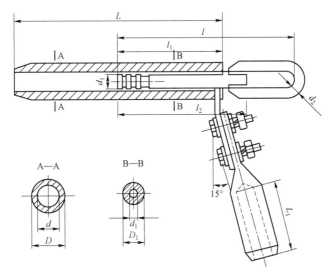

图 1-77　钢芯铝绞线用压缩型耐张线夹

压缩型耐张线夹型号用字母 NY 表示。线夹型号有 NY-150Q～NY-240Q、NY-120J～NY-150J、NY-300Q～NY-600Q、NY-185～NY-400、NY-185J～NY400J 等。

2）避雷线用压缩型耐张线夹。避雷线用压缩型耐张线夹，供安装 GJ-35～GJ-150 的钢绞线，作为特种承力杆塔避雷线的终端固定或拉线的终端固定。

压缩型耐张线夹由一根钢管和在其一端焊上的作为拉环的 U 型圆钢组成。如钢绞线作为避雷线，安装时钢绞线穿入钢管内在 U 型环侧露出一定长度，将钢管压缩后固定在杆塔上。

二、金具性能要求及检查

1. 金具性能要求

（1）承受电气负荷的金具，接触两端之间的电阻不应大于等长导线电阻值的 1.1 倍；接触处的温升不应大于导线的温升；其载流量应不小于导线的载流量。

（2）承受全张力的线夹的握力应不小于导线计算拉断力的 65%。

（3）连接金具的螺栓最小直径不小于 M12，线夹本体强度应不小于导线计算拉断力的 1.2 倍。

（4）绝缘导线所采用的绝缘罩、绝缘粘胶带等材料，应具有耐气候、耐日光老化的性能。

（5）以螺栓紧固的各种线夹，其螺栓的长度除确保紧固所需长度以外，应有一定余度，以便在不分离部件的条件下即可安装。

（6）铸造铝合金应采用金属型重力铸造或压力铸造。

（7）黑色金属制造的金具及配件应采用热镀锌处理。

（8）冷拉加工的铝管应进行退火处理，其抗拉强度不低于 80N/mm²，硬度不宜超过

HB25，硬度超过时应进行退火处理。铝管表面应洁净光滑，无裂缝等缺陷，铝管不允许采用铸造成型，钢材抗拉强度应不低于 375N/mm²，含碳量不大于 0.15%，布氏硬度不大于 HB137，钢管应热镀锌防腐。

（9）铜端子表面应搪锡处理。

2. 金具现场检查要求

（1）金具表面应无气孔、渣眼、砂眼、裂纹等缺陷，耐张线夹、接续线夹的引流板表面应光洁、平整，无凹坑缺陷，接触面应紧密。

（2）线夹、压板、线槽和喇叭口不应有毛刺、锌刺等，各种线夹或接续管的导线出口，应有一定圆角或喇叭口。

（3）金具的焊缝应牢固无裂纹、气孔、夹渣，咬边深度不应大于 1.0mm 以保证金具的机械强度；铜铝过渡焊接处在弯曲 180° 时，焊缝不应断裂。

（4）金具表面的镀锌层不得剥落、漏镀和锈蚀，以保证金具使用寿命。

（5）各活动部位应灵活，无卡阻现象。

（6）压缩型金具应作压接起迄点位置的标志。

（7）作为导电体的金具，应在电气接触表面上涂以电力脂，需用塑料袋密封包装。

（8）电力金具应有清晰的永久性标志，含型号、厂标及适用导线截面或导线外径等。预绞丝等无法压印标志的金具可用塑料标签胶纸标贴。

第二章

架空配电线路主要设备

第一节 配电变压器

电力变压器是静止的电气设备，起升高或降低电压的作用。它利用电磁感应原理，把一种等级的交流电压、电流转换成同频率的另一种等级的电压、电流，以供生产、生活使用。

一、变压器的原理

变压器是利用电磁感应原理工作的。如图 2-1 所示，以单相变压器为例，变压器的主要部件是一个闭合铁芯和套在铁芯上的两个绕组。这两个绕组具有不同的匝数且互相绝缘，两绕组间只有磁的耦合而没有电的联系。其中，绕组 1 接交流电源，称为原绕组、一次绕组或一次侧，它是电能的输入侧；绕组 2 接负载，称为副绕组、二次绕组或二次侧，它是电能的输出侧。

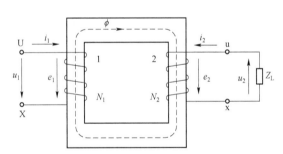

图 2-1 变压器工作原理示意图

当一次侧接到交流电源时，绕组中便有交流电流 i_1 流过，并在铁芯中产生与外加电压频率相同的磁动势，该磁动势产生沿铁芯闭合的交变主磁通 ϕ。这个交变磁通同时交链着一、二次侧。根据电磁感应定律，交变磁通 ϕ 分别在一、二次侧中感应出同频率的电动势 e_1 和 e_2。

$$e_1 = -N_1\frac{\mathrm{d}\phi}{\mathrm{d}t} \qquad e_2 = -N_2\frac{\mathrm{d}\phi}{\mathrm{d}t}$$

式中　　N_1——一次侧绕组匝数；

　　　　N_2——二次侧绕组匝数。

由于感应电动势的大小与绕组的匝数成正比，因此，改变一、二次侧的匝数即可改变二次侧的电压大小，这就是变压器的变压原理。二次侧有了电动势，便可以向负载输出电能，实现了不同电压等级电能的传递。

二、变压器的分类

变压器有不同的使用条件、安装场所，有不同电压等级和容量级别，有不同的结构型式和冷却方式，所以应按不同原则进行分类。

（1）按相数分：① 单相变压器；② 三相变压器；③ 多相变压器。

（2）按冷却方式分：① 干式（自冷）变压器；② 油浸自冷变压器；③ 油浸水冷或风冷变压器；④ 气体（SF_6）冷却变压器。

（3）按绕组结构分：① 单绕组变压器；② 双绕组变压器；③ 三绕组变压器；④ 多绕组变压器。

（4）按铁芯结构分：① 芯式铁芯变压器；② 壳式铁芯变压器；③ C 型、T 型及环型铁芯变压器。

（5）按防潮方式分：① 开启式变压器；② 密封式变压器；③ 全密封式变压器。

（6）按用途分：① 电力变压器；② 电炉变压器；③ 整流变压器；④ 调压变压器；⑤ 各种小型电源变压器；⑥ 各种特殊用途变压器，如试验变压器、焊接变压器等。

（7）按调压方式分：无载调压变压器和有载调压变压器两类。

（8）按中性点绝缘分：全绝缘变压器和半绝缘变压器两类。

三、变压器的基本结构

变压器种类繁多，结构又各有特点，但基本结构是相通的。其中油浸式变压器在电力系统使用最为广泛，其结构示意图如图 2-2 所示，其基本结构可分成以下几个部分：

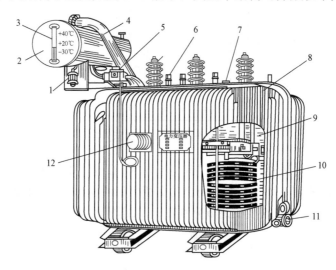

图 2-2 油浸式电力变压器结构示意图

1—吸湿器；2—储油柜；3—油标；4—安全气道；5—气体继电器；6—低压套管；
7—高压套管；8—分接开关；9—油箱；10—铁芯；11—绕组及绝缘；12—放油阀门

（1）器身。主要指铁芯和绕组，另外包括绕组绝缘、引线、分接开关等。

（2）油箱。包括油箱本体（箱盖、箱壁、箱底）和附件（放油阀门、小车、接地螺栓、铭牌等）。

（3）保护装置。包括储油柜（油枕）、油表、防爆管（又称安全气道）或压力释放阀、呼吸器（又称吸湿器）、净油器、测温元件、气体继电器等。

（4）冷却装置。包括散热器等。

（5）出线装置。包括高压套管、低压套管等。

1. 铁芯

铁芯是变压器的主磁路，又是它的机械骨架。铁芯由铁芯柱和铁轭两部分构成。铁芯柱上套绕组，铁轭将铁芯柱连接起来形成闭合磁路。

由于变压器铁芯中的磁通为一交变磁通，为了减小涡流损耗，变压器的铁芯用硅钢片（带）经剪切成为一定尺寸的铁芯片，按一定叠压系数叠压而成。硅钢片的厚度为 0.35mm 或 0.5mm，两面涂以厚 0.01～0.13mm 的绝缘漆膜。硅钢片有热轧和冷轧两种。通常变压器铁芯采用有取向的冷轧硅钢片。这种硅钢片沿碾轧方向有较高的导磁性能和较小的损耗。

变压器的铁芯平面如图 2-3 所示，图 2-3（a）为单相变压器，图 2-3（b）为三相变压器。铁芯结构可分为两部分，C 为套线圈的部分，称为铁芯柱；Y 为用以闭合磁路部分，称为铁轭。单相变压器有两个铁芯柱，三相变压器有三个铁芯柱。

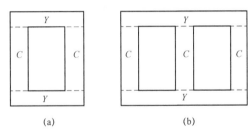

图 2-3　变压器的铁芯平面

（a）单相变压器；（b）三相变压器

按照绕组在铁芯中的布置方式，变压器又分为芯式和壳式两种。

2. 绕组

变压器的绕组是电的通路，用铜线或铝线绕在铁芯柱上，导线外边采用纸绝缘或纱包绝缘等。

不同容量及电压等级的电力变压器，其绕组型式结构不一样。一般电力变压器中常采用圆筒式、连续式、纠结式、螺旋式四种绕组。

（1）圆筒式绕组。圆筒式绕组有单层、双层及多层绕制成形的结构，单只绕组的层数是由按轴向紧密排列的线匝组成，而线匝通常由一根或几根并联导线齐绕，层间连线用过渡线，不用焊接。圆筒式绕组层间绝缘较厚，机械强度差，冷却效果也差。

（2）连续式绕组。连续式绕组是由若干带段间油道的线段组成，沿轴向分布，线段之间不用焊接，线段的线匝按螺旋方向逐一平绕而成。这种绕组一般用在高压绕组中。

（3）纠结式绕组。该类绕组是最好的绕组结构型式，一般 500kVA 以上的三相电力变压器高压绕组都采用此种型式，它抗冲击绝缘强度高。此类绕组线匝和线段导线做成纠结式，从而增大它们之间的纵向电容，以此平衡绕组的电气冲击作用，降低相邻线段之间的电压，故各线段可不用屏蔽线和附加绝缘。

（4）螺旋式绕组。螺旋式绕组分单、双列两种，它是按螺旋线绕制成匝间带油道的若干线匝构成。螺旋式绕组的主要特点是并联导线根数多，线饼成螺旋状。

3. 分接开关

分接开关是用来连接和切断变压器绕组分接头，实现调压的装置。它分无载分接开关及有载分接开关两大类，每一大类又有若干结构型式，两种开关结构及特点如下。

（1）无载分接开关。无载分接开关有星形连接中性点调压开关及夹片式两类。无载调压分接开关从某一位置切换到另一位置，电路都有一个被断开的过程，因此必须将变压器从电网断开后才能进行切换。无载调压分接开关的共同点是都有静触点和动触点，而且都依靠动触点的压力来获得良好的接触。

（2）有载分接开关。有载分接开关是在不切断电源，变压器带负载运行下调压的开关。该类开关调压级数较多，它既能稳定电网在各负载中心的电压，又可提高供电质量，所以重要供电场所的变压器应该选用有载分接开关实现调压任务。

有载分接开关的结构，一般由切换开关、快速机构、分接选择器、转换选择器及电压调整器几部分组成，而每一部分又有若干个机械、电气元件构成。有载分接开关是保证在不切断负荷电流的条件下，切换变压器的分接头进行调压的装置。其原理是采用过渡电阻限制跨接两个分接头时产生的环流，达到切换分接头而不切断负载电流的目的。

4. 绝缘套管和引线

套管和引线是变压器一、二次绕组与外部线路的连接部件。引线通过套管引到油箱外顶部，套管既可固定引线，又起引线对地的绝缘作用。用在变压器上的套管要有足够的电气绝缘强度和机械强度，并具有良好的热稳定性。变压器用的套管种类由瓷绝缘式套管，绝缘套管由两部分（中心导电杆与瓷套）组成。

5. 油箱和冷却装置

油浸变压器的器身浸在充满变压器油的油箱里。变压器油起绝缘、冷却作用。

油箱和底座是油浸变压器的支持部件和外壳，它们支持着器身和所有附件；器身全浸在箱内的变压器油中。油箱里装有为绝缘和冷却用的变压器油。油箱是用钢板加工制成的容器，要求机械强度高、变形小、焊接处不渗漏。

变压器的绕组均用 A 级绝缘。根据我国的气候情况，国家标准规定以 +40℃作为周围环境空气的最高温度，并据此规定变压器各部分的允许温升，如表 2-1 所示。

表 2-1　　　　　　　　　　　　变 压 器 的 允 许 温 升　　　　　　　　　　单位：℃

温升 ＼ 冷却方式	自然油循环	强迫油循环风冷	导向强迫油循环风冷
绕组对空气的平均温升	65	65	70
绕组对油的平均温升	21	30	30
顶层油对空气的温升	55	40	45
油对空气的平均温升	44	35	40

在变压器内部由于没有旋转运动带动气流，它的冷却要比旋转电机更为困难。变压器的容量越大，相应损耗及发热量越大，散热越为困难。因而更需要采取强有力的冷却措施。变压器的冷却方式可分为油浸自冷式、油浸风冷式（人工通风）、强迫油循环冷却式。

6. 保护装置

（1）储油柜和吸湿器。储油柜（油枕）是一只圆筒形的金属容器，用钢板经剪切成形后，焊接制成，并通过管子和油箱内绝缘油沟通，其构造如图2-4所示。它的一端或两端是可拆卸的圆形钢板端盖。储油柜是用来减轻和防止变压器油氧化和受潮的装置。

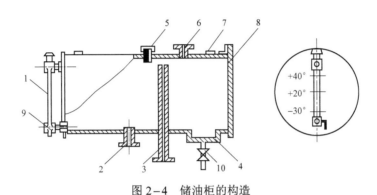

图2-4 储油柜的构造

1—油位计；2—与气体继电器连接的法兰；3—呼吸管；4—集污盒；
5—注油孔；6—与防爆管连通的法兰；7—吊攀；8—端盖；9、10—阀门

吸湿器是防止变压器油受潮的部件之一。吸湿器的结构见图2-5，是一个圆形容器，通过连接管上端法兰与储油柜下侧的呼吸管法兰相接，玻璃罩内装有变色硅胶作为吸潮指示剂。如发现硅胶变成淡红色，说明硅胶已失去吸潮能力，可在140℃温度下烘焙8h，便会恢复蓝色，可以重新使用。底罩内的变压器油作为油封，空气进入吸湿器前，经过变压器油过滤，不致带进灰尘。

（2）气体继电器。也称瓦斯继电器，气体继电器安装在油箱到储油柜的连接管上，是变压器内部故障的主要保护装置，规程要求800kVA及以上的油浸式变压器均须安装。其工作原理是：当变压器内部发生绝缘击穿、匝间短路或铁芯等故障时，产生的气体向储油柜流动，聚集在气体继电器上部，接通信号回路，发出报警信号；当变压器内部发生严重故障时，大量的油流涌向气体继电器，冲击继电器挡板，接通跳闸回路，切断电源，使故障不再扩大。

（3）防爆管。防爆管又叫安全气道。其主体是一个长的钢质圆筒，顶端装有防爆膜。当变压器内部发生故障，气体骤增能使油及气体冲破防爆膜喷出，防止油箱破裂或爆炸。

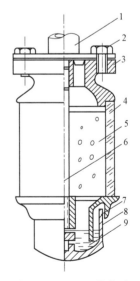

图2-5 吸湿器的构造

1—连接管；2、6—螺栓；3—法兰盘；
4—玻璃罩；5—硅胶；7—底座；
8—底罩；9—变压器油

当变压器内部压力剧增，超过其限定压力时，高压力油气克服阀盖上弹簧的压力将阀盖顶起，高压油气泄放，指示杆被阀盖顶起表明压力释放器动作。压力释放以后，阀盖在弹簧的作用下回落至密封状态。释压器上装有微动开关，可向主控制室发出压力释放器动作信号。

（4）温度计。温度计是用以测量变压器上层油温度而设的，一般温度计有多种，如水银温度计、信号温度计、电阻温度计、压力式温度计等。

四、变压器的铭牌

每台变压器都在醒目的位置上装有铭牌，上面标有变压器的型号、使用条件和额定值。所谓额定值，是制造厂根据国家标准对变压器正常使用时的有关参数所做的限额规定。在额定值及以下运行时，可保证变压器长期可靠工作。变压器的铭牌上通常有型号、额定值等。

1. 型号

变压器的型号用以表明变压器的类型和特点。变压器型号由字母和数字两部分组成，字母代表变压器的基本结构特点，数字分别代表额定容量和高压绕组额定电压等级。电力变压器产品型号的代表符号见表 2-2。

表 2-2　　　　　　　　　　变压器型号的代表符号

分　类	类　别	代表符号
绕组耦合方式	自耦	O
相数	单相	D
	三相	S
冷却介质	油浸式	—
	干式	G
	浇注式	C
冷却方式	油浸自冷	—
	油浸风冷	F
	油浸水冷	S
	强迫油循环风冷	FP
	强迫油循环水冷	SP
绕组数	双绕组	—
	三绕组	S
	分裂绕组	F
调压方式	无励磁调压	—
	有载调压	Z

分　类	类　别	代表符号
绕组导线材质	铜导线	—
	铝导线	L
	铜—铝导线	Lb

　　例如，型号 SL－1000/10，"S"代表"三相"，"L"代表"铝线"，"1000"是额定容量（kVA），"10"是高压绕组额定电压等级（kV）；型号 S9－100/10 表示是一台三相油浸空气自冷式双绕组电力变压器，设计序号为9，额定容量为100kVA，高压侧额定电压为10kV；型号 SG－100/10 表示是一台三相干式空气自冷电力变压器，额定容量为100kVA，高压侧额定电压为10kV；型号 SFFZ7－40000/220 表示是一台三相自然油循环风冷式有载调压分裂电力变压器，设计序号为7，额定容量为40 000kVA，高压侧额定电压为220kV。

　　2. 额定值

　　（1）额定容量 S_N。额定容量是指额定运行时的视在功率（VA、kVA 或 MVA。由于变压器的效率很高，通常一、二次侧的额定容量设计成相等。

　　（2）额定电压 U_{1N} 和 U_{2N}。正常运行时规定加在一次侧的电压称为变压器一次侧的额定电压 U_{1N}，二次侧的额定电压 U_{2N} 是指变压器一次侧加额定电压时二次侧的空载（开路）电压（V 或 kV。对于三相变压器，额定电压是指线电压。

　　（3）额定电流 I_{1N} 和 I_{2N}。I_{1N} 和 I_{2N} 是分别根据额定容量和额定电压计算出来的一、二次侧电流（A）。对于三相变压器，额定电流是指线电流。

　　一、二次侧额定电流可用下式计算。

单相变压器
$$I_{1N} = \frac{S_N}{U_{1N}} \; ; \quad I_{2N} = \frac{S_N}{U_{2N}}$$

三相变压器
$$I_{1N} = \frac{S_N}{\sqrt{3}U_{1N}} \; ; \quad I_{2N} = \frac{S_N}{\sqrt{3}U_{2N}}$$

　　（4）额定频率 f_N。我国规定电力系统的频率为 50Hz。

　　此外，额定运行时的效率、温升等数据也是额定值。

　　除额定值外，变压器的相数、连接组别、短路电压、运行方式和冷却方式等均标注在铭牌上。

五、变压器的特性参数

　　1. 工作频率

　　变压器铁芯损耗与频率关系很大，故应根据使用频率来设计和使用，这种频率称工作频率。

　　2. 额定功率

　　在规定的频率和电压下，变压器能长期工作，而不超过规定温升的输出功率。

3. 额定电压

在变压器的绕组上所允许施加的电压，工作时不得大于规定值。

4. 电压比

变压器初级电压和次级电压的比值，有空载电压比和负载电压比的区别。

5. 空载电流

变压器次级开路时，初级仍有一定的电流，这部分电流称为空载电流。空载电流由磁化电流（产生磁通）和铁损电流（由铁芯损耗引起）组成。对于 50Hz 电源变压器而言，空载电流基本上等于磁化电流。

6. 空载损耗

变压器次级开路时，在初级测得的功率损耗。主要损耗是铁芯损耗，其次是空载电流在初级绕组铜阻上产生的损耗（铜损），这部分损耗很小。

7. 效率

次级功率与初级功率比值的百分比。通常变压器的额定功率越大，效率就越高。

8. 绝缘电阻

表示变压器各绕组之间、各绕组与铁芯之间的绝缘性能。绝缘电阻的高低与所使用的绝缘材料的性能、温度高低和潮湿程度有关。

第二节　电力电容器和互感器

一、电力电容器

1. 概念

顾名思义，电力电容器是"装电的容器"，是一种容纳电荷的器件，电力电容器通常简称为电容量，用字母 C 表示。

2. 单位

电容器所带的电荷量 Q 与电容器两极板间的电势差 U 的比值，叫作电容器的电容量，用 C 表示。

$$C = Q / U$$

式中　U ——电容器两极板间的电势差，V；

Q ——极板的电荷量，C；

C ——电容器的电容量，F。

电容的物理意义是，表征电容器容纳（储存）电荷本领的物理量。电容器的单位在数值上等于两极板间的电势差为 1V 时电容器需带的电荷量。

在国际单位制中电容的单位是法拉（F），这是一个非常大的物理量，在电力系统中常用的低压并联电容器电容一般不到 1F 的千分之一。所以，常用单位还有微法（μF）和皮法（pF）。$1F = 10^6 \mu F = 10^{12} pF$。

电力电容器分为串联电容器和并联电容器,它们都能起到改善电力系统的电压质量和提高输电线路的输电能力,是电力系统的重要设备。

3. 电力电容器的作用

(1)串联电容器的作用。串联电容器串接在线路中,其作用如下:

1)提高线路末端电压。串接在线路中的电容器,利用其容抗 x_c 补偿线路的感抗 x_1,使线路的电压降落减少,从而提高线路末端(受电端)的电压,一般可将线路末端电压最大提高 10%~20%。

2)降低受电端电压波动。当线路受电端接有变化很大的冲击负荷(如电弧炉、电焊机、电气轨道等)时,串联电容器能消除电压的剧烈波动。这是因为串联电容器在线路中对电压降落的补偿作用是随通过电容器的负荷而变化的,具有随负荷的变化而瞬时调节的性能,能自动维持负荷端(受电端)的电压值。

3)提高线路输电能力。由于线路串入了电容器的补偿电抗 x_c,线路的电压降落和功率损耗减少,相应提高了线路的输送容量。

4)改善了系统潮流分布。在闭合网络中的某些线路上串接一些电容器,部分地改变了线路电抗,使电流按指定的线路流动,以达到功率经济分布的目的。

5)提高系统的稳定性。线路串入电容器后,提高了线路的输电能力,这本身就提高了系统的静稳定。当线路故障被部分切除时(如双回路被切除一回、但回路单相接地切除一相),系统等效电抗急剧增加,此时,将串联电容器进行强行补偿,即短时强行改变电容器串、并联数量,临时增加容抗 x_c,使系统总的等效电抗减少,提高了输送的极限功率 $[P_{max}=U_1U_2/(x_1-x_c)]$,从而提高系统的动稳定。

(2)并联电容器的作用。

并联电容器并联在系统的母线上,类似于系统母线上的一个容性负荷,它吸收系统的容性无功功率,这就相当于并联电容器向系统发出感性无功。因此,并联电容器能向系统提供感性无功功率,系统运行的功率因数,提高受电端母线的电压水平,同时,它减少了线路上感性无功的输送,减少了电压和功率损耗,因而提高了线路的输电能力。

4. 电容器补偿装置的允许运行方式

电容器的正常运行状态是指在额定条件下,在额定参数允许的范围内,电容器能连续运行,且无任何异常现象。

(1)电容器补偿装置运行的基本要求。

1)三相电容器各相的容量应相等;

2)电容器应在额定电压和额定电流下运行,其变化应在允许范围内;

3)电容器室内应保持通风良好,运行温度不超过允许值;

4)电容器不可带残留电荷合闸,如在运行中发生跳闸,拉闸或合闸一次未成,必须经过充分放电后,方可合闸;对有放电电压互感器的电容器,可在断开 5min 后进行合闸。运行中投切电容器组的间隔时间为 15min。

(2)允许运行方式。

1)允许运行电压。并联电容器装置应在额定电压下运行,一般不宜超过额定电压的 1.05 倍,最高运行电压不宜超过额定电压的 1.1 倍。母线超过 1.1 倍额定电压时,电容器应停用。

2）允许运行电流。正常运行时，电容器应在额定电流下运行，最大运行电流不得超过额定电流的 1.3 倍，三相电流差不超过 5%。

3）允许运行温度。正常运行时，其周围额定环境温度为 +40～ -25℃，电容器的外壳温度应不超过 55℃。电力电容器分为串联电容器和并联电容器，它们都改善电力系统的电压质量和提高输电线路的输电能力，是电力系统的重要设备。

安装要求：环境温度，-40～ +40℃ 之间；安装在室内应通风良好；每组电容器上应装设熔断器保护；电容器组各相容量应接近平衡；应有良好的接地。

5. 电力电容器安装注意事项

（1）安装电容器时，每台电容器的接线最好采用单独的软线与母线相连，不要采用硬母线连接，以防止装配应力造成电容器套管损坏，破坏密封而引起的漏油。

（2）电容器回路中的任何不良接触，均可能引起高频振荡电弧，使电容器的工作电场强度增大和发热而早期损坏。因此，安装时必须保持电气回路和接地部分的接触良好。

（3）较低电压等级的电容器经串联后运行于较高电压等级网络中时，其各台的外壳对地之间，应通过加装相当于运行电压等级的绝缘子等措施，使之可靠绝缘。

（4）电容器经星形连接后，用于高一级额定电压，且系中性点不接地时，电容器的外壳应对地绝缘。

（5）电容器安装之前，要分配一次电容量，使其相间平衡，偏差不超过总容量的 5%。当装有继电保护装置时还应满足运行时平衡电流误差不超过继电保护动作电流的要求。

（6）对个别补偿电容器的接线应做到：对直接启动或经变阻器启动的感应电动机，其提高功率因数的电容可以直接与电动机的出线端子相连接，两者之间不要装设开关设备或熔断器；对采用星—三角启动器启动的感应式电动机，最好采用三台单相电容器，每台电容器直接并联在每相绕组的两个端子上，使电容器的接线总是和绕组的接法相一致。

（7）对分组补偿低压电容器，应该连接在低压分组母线电源开关的外侧，以防止分组母线开关断开时产生的自励磁现象。

（8）集中补偿的低压电容器组，应专设开关并装在线路总开关的外侧，而不要装在低压母线上。

二、电流互感器和电压互感器

1. 电流互感器

电流互感器是一种电流变换设备，用于在交流电路中按一定比例将大电流变化为 5A 以内小电流的设备。其基本结构是由一次绕组、二次绕组、铁芯、接线端子和绝缘支持物构成的。它的一次绕组的匝数（N_1）非常少，通常为一匝或几匝，而二次绕组的匝数（N_2）相对较多。电流互感器与变压器相似是利用电磁感应原理完成电流的变换。电流互感器的一次绕组串联接入被测线路，流过较大的被测电流 I_1，二次侧与电能表的电流线圈串联，运行时二次处于短路状态。当一次绕组中有电流通过时，在一次绕组中产生磁动势 I_1N_1，由一次绕组磁动势产生的磁通大部分通过铁芯而闭合，在短路的二次回路感应产生电流 I_2。I_2 在二次绕组中产生感应电动势 $\dot{I}_2 N_2$。理想状况下，电流互感器的额定变比为：

$$K_I = \frac{N_2}{N_1} = \frac{I_{1N}}{I_{2N}}$$

式中　K_I——电流互感器的变比；

$\dfrac{I_{1N}}{I_{2N}}$——电流互感器一次、二次额定电流之比。

2. 电压互感器

电压互感器是一种电压的变换装置，用以在交流电路中将高电压按比例降为标准 100V 低电压的调压设备。电压互感器是由铁芯、一次绕组、二次绕组、接线端子及绝缘支持等组成。电压互感器的工作原理与电力变压器相同，利用电磁感应原理完成电压变换，它的一次绕组匝数 N_1 远远大于二次绕组匝数 N_2，相当于一只小容量的空载运行的降压变压器，其主要区别是用途不同、容量不同。

电压互感器的一次绕组与被测电路并联，承受被测电压为 U_1，二次绕组与电能表、功率表、电压表等仪表的电压绕组并联，承受输出电压为 U_2，运行时其二次侧接近于开路（$I_2 \approx 0$），二次绕组消耗功率较小。当电压互感器一次绕组加交流电压时线圈中有电流流过，铁芯内就有交变磁通产生，同时穿过一、二次绕组，分别在两个绕组中产生感应电动势，从而产生二次电流流入负载。在理想状况下，电压互感器额定变压比为

$$K_U = \frac{N_1}{N_2} = \frac{U_{1N}}{U_{2N}}$$

式中　K_U——电压互感器的变比；

$\dfrac{U_{1N}}{U_{2N}}$——电压互感器一次、二次额定电压比。

第三节　柱上户外开关设备

一、隔离开关（刀闸）

在电力网络中，为了确保安全，需要将带电运行的电气设备与停电检修或处于备用的设备隔离开来，必须有明显可见的、足够大的间断点。隔离开关正是在电路中设置的这种间断点，以确保运行和检修的安全。此外，隔离开关也用来作为设备和电路的切换装置。

隔离开关没有灭弧装置，不能开断负荷电流和短路电流。但运行经验证明，隔离开关可用来开闭电压互感器、避雷器、母线和直接与母线相连设备的电容电流，也可用来开断励磁电流不超过 2A 的空载变压器和电容电流不超过 5A 的空载线路。

1. 隔离开关的结构、分类及特点

（1）隔离开关基本结构。隔离开关型号较多，其基本结构主要由以下几部分组成：

1）支持底座。支持底座的作用是起支持固定的作用，将导电部分、绝缘子、传动机构、操动机构等连接固定为整体。

2）导电部分。导电部分包括触头、闸刀、接线座等，其作用是传导电流。

3）绝缘子。绝缘子包括支持绝缘子、操作绝缘子，其作用是使带电部分对地绝缘。

4）传动机构。传动机构的作用是接受操动机构的力矩，并通过拐臂、连杆、轴齿或操作绝缘子，将运动传给动触头，以完成分、合闸操作。

5）操动机构。用手动、电动向隔离开关的动作提供动力。

（2）隔离开关的分类及特点。隔离开关主要是根据装设地点、电压等级、极数和构造进行分类的，隔离开关有如下几种类型。

1）按装设地点分为户内式和户外式两种。

2）按介质可分为真空、六氟化硫、油等。

3）按极数分为单极和三极两种。

4）按支柱数目分为单柱式、双柱式、三柱式三种。

5）按闸刀动作方式分为闸刀式、旋转式、插入式三种。

6）按所配操动机构分为手动、电动、气动、液压四种。

2. 隔离开关型号铭牌及主要技术参数

（1）隔离开关的型号铭牌的含义：

$$①②③-④⑤/⑥-⑦⑧$$

①——产品名称，G 为隔离开关；

②——安装场所，N 为户内式，W 为户外式；

③——设计序号，用数字表示；

④——额定电压，kV；

⑤——具体类型：W－防污型，T－统一设计，G－改造型，D－带接地开关；

⑥——额定电流，A；

⑦——额定峰值耐受电流，kA；

⑧——高海拔。

如：GW16－252D/3150 中各部分含义是：G 表示隔离开关，W 表示户外，16 是设计序号，额定电压是 252kV，D 是表示有接地开关，额定电流是 3150A。

（2）隔离开关的主要技术参数。

1）额定电压产品所在系统的最高电压（kV）。在高电压系统范围内，产品标准值有 12、24、40.5、72.5、126、252、363、550、800、1100 等。在变电站名称和某些其他场合，还有系统标称电压称谓，其数值对应为：10、20、35、66、110、220、330、500、750、1000。虽然也很常见，但在使用上不要与额定电压混淆。

2）额定绝缘水平。在给定的额定电压下隔离开关耐受电压的能力，因此是一组数值，这些数值在产品标准中选取，同一个额定电压可能对应几个额定绝缘水平，以适应不同的使用情况，而且根据海拔不同，额定绝缘水平应根据标准值进行相应的修正。额定绝缘水平用相对地额定雷电冲击耐受电压表示。

3）额定电流。在规定的使用和性能条件下，开关设备和控制设备应该能够持续承载电流的有效值。额定电流数值从 GB/T 762 规定的 R10 系列中选取（R10 系列包括 1、1.25、1.6、2、2.5、3.15、4、5、6.3、8 及其与 $10n$ 的乘积）。

隔离开关的额定电流是依据系统容量、所处位置、工作状态等来选取的。接地开关由于不需要持续承载电流，因此无额定电流参数。

4）温升。开关设备通过电流时，由于发热，设备导体上温度相对于周围环境温度的升高，称之为温升。

在通以标准规定的试验电流下（一般是 1~1.2 倍额定电流），当设备上各部分达到温度稳定后，其允许极限温升和允许极限温度不应该超过表 2-3 数值。（该表仅为隔离开关设备在空气中的数值）

表 2-3　　　　　　　　　　温　升　要　求

结构部位	触头			用螺栓的或与其等效的连接			用螺栓与外部连接的端子	
表面状态	裸露	镀锡	镀银	裸露	镀锡	镀银	裸露	镀锡/镀银
极限温升（K）	35	50	65	50	65	75	50	65
极限温度（℃）	75	90	105	90	105	115	90	105

5）主回路电阻。隔离开关主导电部分每相两端子间的电阻值，主要用来将出厂试验的产品与通过了温升型式试验的产品做比较。

主回路电阻的大小与设备导体材料、设备结构型式、各接触面装配情况相关。一般采用直流压降法进行测量。出厂试验的主回路电阻值不得超过型式试验时主回路电阻值的 1.2 倍。

6）额定峰值耐受电流：设备在合闸位置能够承载的额定短时耐受电流第一个大半波的电流峰值（也就是常说的"动稳定电流"）。一般情况下，该电流数值等于额定短时耐受电流的 2.5 倍。这两种电流主要是考虑系统短路情况下，隔离开关/接地开关要能够承受一定持续时间的极大短路电流。因此，该数值与系统容量紧密相关，但并不与额定电流参数一一对应，只是在一定程度上相关联。

7）接地开关开合感应电流能力。在多路架空输电线路布置的情况下（即常说的同塔双回或多回输电线路），由于电磁或静电耦合，不带电且接地的线路上可能留过电流。因此用于这些线路接地的接地开关应能具有开合感应电流的能力。

根据耦合的强弱（与线路的长度和线路布置方式有关）不同，需要的接地开关开合感应电流能力分为 A 类、B 类、超 B 类三种。A 类/B 类参数要求按 GB 1985—2014《高压交流隔离开关和接地开关》规定，超过这两种标准内 B 类参数规定要求的接地开关一般称为超 B 类。

常规接地开关一般均可满足 A 类感应电流参数要求，B 类和超 B 类接地开关则一般需要串联/并联真空断路器或六氟化硫断路器以达到开合高参数感应电流的效果。

接地开关开合感应电流的能力一般由 5 个参数组成，分别为：额定电磁感应电压（感性电压），额定电磁感应电流（感性电流），额定静电感应电压（容性电压），额定静电感应电流（容性电流），开断次数。

8）对地距离。在接地开关完全分闸的情况下，隔离开关/接地开关带电导体与接地导体之间的最短空气距离。

9）断口距离。在隔离开关完全分闸的情况下，单相隔离开关的动、静触头带电导体之间的最短空气距离。

二、断路器

断路器是指能够关合、承载和开断正常回路条件下的电流并能关合、在规定的时间内承载和开断异常回路条件下的电流的开关装置。断路器可用来分配电能，不频繁地启动异步电动机，对电源线路及电动机等实行保护，当它们发生严重的过载或者短路及欠压等故障时能自动切断电路，其功能相当于熔断器式开关与继电器等的组合。而且在分断故障电流后一般不需要变更零部件。目前，已获得了广泛的应用。断路器按其使用范围分为高压断路器和低压断路器，高低压界线划分比较模糊，一般将 3kV 以上的称为高压断路器。

断路器一般由触头系统、灭弧系统、操动机构、脱扣器、外壳等构成。

当短路时，大电流（一般 10～12 倍）产生的磁场克服反力弹簧，脱扣器拉动操动机构动作，开关瞬时跳闸。当过载时，电流变大，发热量加剧，双金属片变形到一定程度推动机构动作（电流越大，动作时间越短）。

断路器的作用是切断和接通负荷电路，以及切断故障电路，防止事故扩大，保证安全运行。而高压断路器要开断 1500V，电流为 1500～2000A 的电弧，这些电弧可拉长至 2m 仍然继续燃烧不熄灭。故灭弧是高压断路器必须解决的问题。

吹弧熄弧的原理主要是冷却电弧减弱热游离，通过吹弧拉长电弧加强带电粒子的复合和扩散，同时把弧隙中的带电粒子吹散，迅速恢复介质的绝缘强度。

低压断路器也称为自动空气开关，可用来接通和分断负载电路，也可用来控制不频繁启动的电动机。它的功能相当于闸刀开关、过电流继电器、失压继电器、热继电器及漏电保护器等电器部分或全部的功能总和，是低压配电网中一种重要的保护电器。

低压断路器具有多种保护功能（过载、短路、欠电压保护等）、动作值可调、分断能力高、操作方便、安全等优点，所以被广泛应用。结构和工作原理低压断路器由操动机构、触点、保护装置（各种脱扣器）、灭弧系统等组成。

低压断路器的主触点是靠手动操作或电动合闸的。主触点闭合后，自由脱扣机构将主触点锁在合闸位置上。过电流脱扣器的线圈和热脱扣器的热元件与主电路串联，欠电压脱扣器的线圈和电源并联。当电路发生短路或严重过载时，过电流脱扣器的衔铁吸合，使自由脱扣机构动作，主触点断开主电路。当电路过载时，热脱扣器的热元件发热使双金属片上弯曲，推动自由脱扣机构动作。当电路欠电压时，欠电压脱扣器的衔铁释放，也使自由脱扣机构动作。分励脱扣器则作为远距离控制用，在正常工作时，其线圈是断电的，在需要距离控制时，按下启动按钮，使线圈通电。

第四节　氧化锌避雷器

一、避雷器的结构

避雷器由主体元件，绝缘底座，接线盖板和均压环（110kV 以上等级具有）等组成。避雷器内部采用氧化锌电阻片为主要元件。当系统出现大气过电压或操作过电压时，氧化锌电阻片呈现低阻值，使避雷器的残压被限制在允许值以下，从而对电力设备提供可靠的保护；而避雷器在系统正常运行电压下，电阻片呈高阻值，使避雷器只流过很小的电流。

避雷器是变电站保护设备免遭雷电冲击波或操作过电压袭击的设备。当沿线路传入变电站的雷电冲击波或操作过电压超过避雷器保护水平时，避雷器首先放电，并将雷电流经过良导体安全地引入大地，利用接地装置使雷电压幅值限制在被保护设备雷电冲击水平以下，使电气设备受到保护。

避雷器能释放雷电或兼能释放电力系统操作过电压能量，保护电工设备免受瞬时过电压危害，又能截断续流，不致引起系统接地短路。避雷器通常接于带电导线与地之间，与被保护设备并联。当过电压值达到规定的动作电压时，避雷器立即动作，流过电荷，限制过电压幅值，保护设备绝缘；电压值正常后，避雷器又迅速恢复原状，以保证系统正常供电。

二、避雷器分类

保护间隙——是最简单型式的避雷器；

管型避雷器——也是一个保护间隙，但它能在放电后自行灭弧；

磁吹避雷器——利用了磁吹式火花间隙，提高了灭弧能力，同时还具有限制内部过电压能力；

阀型避雷器——是将单个放电间隙分成许多短的串联间隙，同时增加了非线性电阻，提高了保护性能；

氧化锌避雷器——利用了氧化锌阀片理想的伏安特性（非线性极高，即在大电流时呈低电阻特性，限制了避雷器上的电压，在正常工频电压下呈高电阻特性），具有无间隙、无续流、残压低等优点，也能限制内部过电压，被广泛使用。

三、氧化锌避雷器

氧化锌避雷器是 20 世纪 70 年代发展起来的一种新型避雷器，它主要由氧化锌压敏电阻构成。每一块压敏电阻从制成时就有它的一定开关电压（叫压敏电压），在正常的工作电压下（即小于压敏电压）压敏电阻值很大，相当于绝缘状态，但在冲击电压作用下（大于压敏电压），压敏电阻呈低值被击穿，相当于短路状态。然而压敏电阻被击状态，是可以恢复的；当高于压敏电压的电压撤销后，它又恢复了高阻状态。因此，在电力线上如安装氧化锌避雷器后，当发生雷击时，雷电波的高电压使压敏电阻击穿，雷电流通过压敏电阻流入大地，使电源线上的电压控制在安全范围内，从而保护了电气设备的安全。

1. 复合外套氧化锌避雷器

（1）串联的氧化锌非线性电阻片（或称阀片）组成阀芯；

（2）玻璃纤维增强热固性树脂（FRP）构成的内绝缘和机械强度材料；

（3）热硫化硅橡胶外伞套材料；

（4）有机硅密封胶和黏合剂；

（5）内电极、外接线端子及金具。

特点：具有体积小、重量轻、防爆和密封性好、爬距大、耐污秽、制造工艺简单、结构紧凑等一系列优点，因而颇受用户欢迎，但也存在外套材料的老化和电蚀损的不足。

2. 瓷外套氧化锌避雷器

具有较高的抗机械性能；具有憎水性；具有优异的外绝缘特性，耐污秽、耐腐蚀、耐高低温、抗老化、抗臭氧。

第五节 接 地 装 置

所谓接地就是将供用电设备、防雷装置等的某一部分通过金属导体组成接地装置与大地的任何一点进行良好的连接。与大地连接的点在正常情况下均为零电位。

接地的电气设备，因绝缘损坏而造成相线与设备金属外壳接触时，其漏电电流通过接地体向大地呈半球形流散。电压降距接地体越近就越大，距接地体越远就越小。通常当距接地体大于 20m 时，地中电流所产生的电压降已接近于零值。因此，零电位点通常指远距接地体 20m 之外处。但理论上的零电位点则是距接地体无穷远处。

电气设备接地引下导线和埋入地中的金属接地体组的总和称为接地装置。通过接地装置使电气设备接地部分与大地有良好的金属连接。

接地体又称为接地极，指埋入地中直接与土壤接触的金属导体或金属导体组，是接地电流流向土壤的散流件。利用地下金属构件、管道等作为接地体的称自然接地体；按设计规范要求埋设的金属接地极称为人工接地体。

接地线指电气设备需要接地的部位用金属导体与接地体相连接的部分，是接地电流由接地部位传导至大地的途径。接地线中沿建筑物表面敷设的共用部分称为接地干线，电气设备金属外壳连接至接地干线部分称为接地支线。

一、接地的种类

1. 工作接地

所谓工作接地是指在配电系统中，将某些电气装置的特定部位接地，以保障配电系统在正常和故障状况下可靠工作。工作接地主要是中性点接地，这是电网运行的需要。它可以防止零序电压偏移，保持三相电压尽量处于平衡。同时可降低人体接触电压。这是因为在中性点接地系统中，当某相碰地而人体触及另一相时，人体的接触电压接近或等于相电压，与中性点绝缘系统相比接触电压是降低了。在中性点接系统中，当一相接地时，此时的接地电流成为较大的单相短路电流，保护设施能迅速动作，切断故障线路，有利于其他线路、设备安全运行。

2. 保护接地

所谓保护接地就是将电气设备平时不带电，但当绝缘损坏时可能带电的金属部分接地，以保障人身安全为目的。日常生活中又俗称保安接地。如电气设施的金属外壳、金属柜、金属架等的接地。

3. 防雷接地

防雷接地是指以防止雷电危害为目的，为保障电气设备在遭受雷电时，将雷电流经接地装置引入大地，以防止雷电危害的接地。如常用避雷器、避雷线等的防雷装置的接地就其接地装置型式、结构和一般电气设备的保护接地，有近似之处。所不同的是防雷接地时导泄雷电流入地；保护接地是导泄工频短路电流入地。工频短路电流比雷电流要小，流过接地装置时所产生的电压降不大，不易出现反击现象。

4. 重复接地

重复接地是指在低压配电系统中，将零线上某一点或多点按技术规定和需要与大地再次进行连接。重复接地是为了保障零线接地可靠。其设置位置一般在低压配电线路的主干线或分支线的终端处。低压配电线路在运行中，当发生单相接地短路时，能降低零线的对地电压。特别是在电压三相四线制系统中，当发生零线断路时，断点以下的零线电流可经重复接地流回供电变压器，从而控制了三相电压的偏移，可减轻或不发单相用电设备烧毁事故。

二、对接地电阻的要求

接地装置的接地电阻是指接地线电阻、接地体电阻、接地体与土壤之间的过渡电阻和土壤流散电阻的总和。

1. 高压电气设备的保护接地电阻

（1）大接地短路电流系统：在大接地短路系统中，由于接地短路电流很大，接地装置一般均采用棒形和带形接地体联合组成环形接地网，以均压的措施达到降低跨步电压和接触电压的目的，一般要求接地电阻（‰）≤0.5Ω。

（2）小接地短路电流系统：当高压设备与低压设备共用接地装置时，要求在设备发生接地故障时，对地电压不超过120V，要求接地电阻

$$Y_{jd} \leqslant 120/I_{jd} \leqslant 10\Omega$$

式中 I_{jd}——接地短路电流的计算值，A。

当高压设备单独装设接地装置时，对地电压可放宽至250V，要求接地电阻

$$Y_{jd} \leqslant 250/I_{jd} \leqslant 10\Omega$$

2. 低压电气设备的保护接地电阻

在 1kV 以下中性点直接接地与不接地系统中，单相接地短路电流一般都很小。为限制漏电设备外壳对地电压不超过安全范围，要求保护接地电阻 $y_{jd} \leqslant 4\Omega$ 部分电气装置要求的接

地电阻值见表 2-4。

表 2-4   **部分电气装置要求的接地电阻值**

接地装置使用条件		允许的接地电阻（Ω）
配电变压器低压侧中性点工作接地电阻	容量<100kVA	≤10
	容量≥100kVA	≤4
非电能计量电流互感器的接地电阻		≤10
TN-C 系统的重复接地电阻		≤30
低压避雷器的接地电阻		≤10
绝缘子铁脚的接地电阻		≤30

三、接地装置的材料

接地装置的材料，一般由钢管、角铁、铁带及钢绞线等制成。

1. 接地体的材料及规格

接地体的材料一般由钢管、铁带等制成，一般采用的钢管壁厚应大于 3.5mm，外径大于 25mm，长度一般为 2～3m 左右。如果钢管直径超过 50mm 时，虽然管径增大，但散流电阻降低得很少，如图 9-5 所示。

从经济观点来看，采用管径不超过 50mm 的钢管较为合适。

如果管长超过 3m 时，散流电阻就降低得很少。因此，超过 3m 是不适用的。

角钢接地体一般采用 50mm×6mm 或 40mm×5mm 的角钢，垂直打入地中，它也是具有钢管的效果。

2. 接地装置的检查及测量周期

接地电阻的测试应在当地较干燥的季节，土壤电阻率最高的时期进行。当年摇测后于冬季土壤冰冻时期再测一次，以掌握其因地温变化而引起的接地电阻的变化差值，具体规定如下。

（1）接地装置的接地电阻每年测试一次。

（2）各种防雷保护的接地装置，每年至少应检查一次；架空线路的防雷接地装置，每两年测试一次。

（3）独立避雷针的接地装置，一般也是每年在雷雨季前检查一次；接地电阻每 5 年测试一次。

（4）10kV 及以下线路的变压器，工作接地装置每两年测试一次。

3. 接地装置运行中巡视检查内容

（1）电气设备与接地线、接地网的连接有无松动脱落等现象。

（2）接地线有无损伤、腐蚀、断股及固定螺栓松动等现象。

（3）有严重腐蚀可能时，应挖开距地面 50cm 处，检查接地线与地下接地体引接部分的腐蚀程度。

（4）对移动式电气设备，每次使用前须检查接地线是否接触良好，有无断股现象。

（5）人工接地体周围地面上，不应堆放及倾倒有强烈腐蚀性的物质。

（6）接地装置在巡视检查中，若发现有下列情况之一时，应予修复。

1）遥测接地电阻，发现其接地电阻值超过原规定值时。

2）接地线连接处焊接开裂或连接中断时。

3）接地线与用电设备压接螺丝松动、压接不实和连接不良时。

4）接地线有机械性损伤、断股、断线以及腐蚀严重（截面减小 30%）时。

5）地中埋设件被水冲刷或由于挖土而裸露地面时。

四、接地装置

接地装置可使用自然接地体和人工接地体。在设计时，应首先充分利用自然接地体。

1. 自然接地

可充分利用建（构）筑物的钢结构和构造钢筋、行车的钢轨等以及敷设于地下且数量不少于 2 根的电缆的金属外皮等。

在新建的大、中型建筑物中，都利用建筑物的构造钢筋作为自然接地。它们不但耐用、节省投资，而用电气性能良好。

2. 人工接地体

人工接地体有两种基本型式：垂直接地体和水平接地体。垂直接地体多采用截面为 50mm×50mm×4mm、长度为 2500mm 的角钢；水平接地体多采用截面为 40mm×4mm 的扁钢。

第三章

配网自动化

第一节　配网自动化基本概念

一、概述

配网自动化是以一次网架和设备为基础，利用计算机及其网络技术、通信技术、现代电子传感技术，以配网自动化系统为核心，将配网设备的实时、准实时和非实时数据进行信息整合和集成，实现对配电网正常运行及事故情况下的监测、保护及控制等。配网自动化系统结构图如图3-1所示。

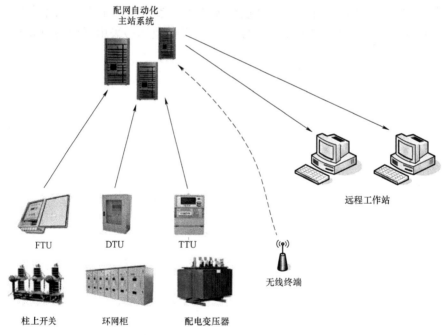

图3-1　配网自动化系统结构图

配网自动化系统主要由配网自动化主站、配网自动化终端及通信通道组成，主站与终端的通信通常采用光纤有线、GPRS无线等方式。

1. 配网自动化的意义

通过实施配网自动化，实现了对配网设备运行状态和潮流的实时监控，为配网调度集约化、规范化管理提供了有力的技术支撑。通过对配网故障快速定位/隔离与非故障段恢复供电，缩小了故障影响范围，加快了故障处理速度，减少了故障停电时间，进一步提高了供电可靠性。

2. 配网自动化基础知识

馈线自动化是指对配电线路运行状态进行监测和控制，在故障发生后实现快速准确定位和迅速隔离故障区段，恢复非故障区域供电。馈线自动化包括主站集中型馈线自动化和就地型馈线自动化两种方式。

（1）主站集中型馈线自动化：是指配网自动化主站与配网自动化终端相互通信，由配网自动化主站实现对配电线路的故障定位、故障隔离和恢复非故障区域供电。

（2）就地型馈线自动化是指不依赖与配网自动化主站通信，由现场自动化开关与终端协同配合实现对配电线路故障的实时检测，就地实现故障快速定位/隔离以及恢复非故障区域供电。按照控制逻辑和动作原理又分为电压—时间型馈线自动化和电压—电流型馈线自动化。

二、配网自动化主站

配网自动化主站是整个配电网的监视、控制和管理中心，主要完成配网信息的采集、处理与存储，并进行综合分析、计算与决策，并与配网 GIS、配网生产信息、调度自动化和计量自动化等系统进行信息共享与实时交互，按照功能模块的部署可分为简易型和集成型两种配网自动化主站系统。配网自动化主站典型结构图如图 3-2 所示。

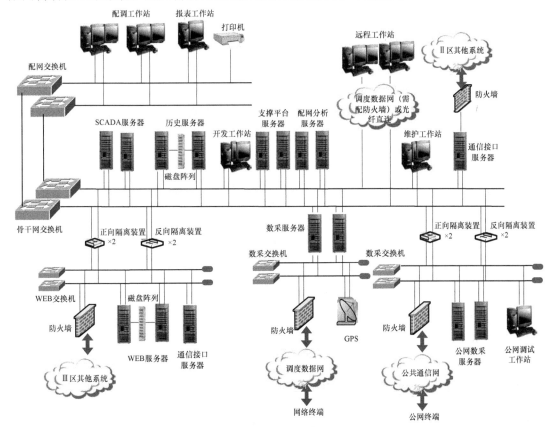

图 3-2　配网自动化主站典型结构图

简易型配网自动化主站主要部署基本的平台、SCADA 和馈线故障处理模块。集成型配网自动化主站是在简易型配网自动化主站系统的基础上，扩充了网络拓扑、馈线自动化、潮流计算、网络重构等电网分析应用功能。

1. 硬件构成

服务器：主要包括配电网安全检测和数据采集系统（DSCADA）服务器、历史数据服务器、应用服务器、数据采集服务器、Web 服务器等，运行应用服务程序，完成数据采集，数据储存、计算分析、服务提供等功能。

（1）DSCADA 服务器完成数据处理、监视、控制功能，一般是双机配置，采用主/备方式运行。当其中一台服务器故障时，另一台服务器应自动接替故障的服务器运行。当服务器或双局域网发生切换时，不应导致数据的丢失。

（2）历史数据服务器完成历史数据的存储。为了获得更好的安全性能，服务器可以采用冗余配置。

（3）应用服务器用于运行馈线自动化（FA）、潮流分析、故障管理等高级应用软件。高级应用服务器一般也采用双击配置、互为备用。

（4）数据采集服务器，也叫前置通信处理机（简称前置机），与配电网终端通信，对数据预处理，以减轻主机（服务器）负担；此外，还有系统时钟同步，通道的监视与切换以及向其他自动化系统转发数据等功能。

（5）Web 服务器，主站一般采用 Web 服务器形式与供电企业管理信息系统（MIS）接口。Web 服务器从配网自动化系统中接收实时数据，形成实时数据库，向 MIS 提供配网运行信息。

2. 软件构成

配网自动化软件系统主要由操作系统、支持平台软件和配网应用软件组成。配网自动化主站系统软件结构如表 3-1 所示。

表 3-1　　　　　　　　　　　配网自动化主站系统软件结构

基本 DSCADA 应用（数据采集、报警事件处理、数据统计、事故追忆）	高级应用（馈线自动化、网络拓扑、状态估计、潮流分析、负荷预测、无功优化、短路电流计算）
支持平台（数据库管理系统、网络管理系统、图形管理系统、报表管理系统、安全管理系统软件等）	
操作系统（Unix、Linux、Windows）	
计算机硬件（工作站、服务器）	

（1）操作系统：配网自动化主站系统用到的操作系统主要有 Unix、Linux、Windows 等，一般推荐服务器与工作站采用 Unix/Linux 操作系统。

（2）支撑平台软件：又称支撑平台或支撑环境，在操作系统的基础上构建，为具体应用软件提供数据存储、处理、显示、制表以及网络通信、数据交换、系统管理服务。

（3）应用软件：是在操作系统、支撑平台基础上开发的，实现配网自动化应用的程序，包括基本 DSCADA 应用软件与高级应用软件。应用软件通过应用程序接口访问数据库系统里的数据。

3. 基本功能

（1）配网 SCADA：数据采集（支持分层分类检测，含分布式电源）、状态监视、远方控制、人机交互、防误闭锁、图形显示、事件告警、事件顺序记录、事故追忆、数据统计、报表打印、配网终端在线管理和配网通信网络工况监视等；责任分区与信息分流。

（2）馈线自动化：与配网终端相互配合，实现故障的识别、定位、隔离和非故障区域自动恢复供电。

（3）配网故障定位：与故障指示器相互配合，当配网线路发生故障时，对配网线路故障进行远程故障指示和故障自动定位。

（4）与市级调度自动化系统和电网 GIS 互连，建立完整的配网拓扑模型。

4. 配网自动化主站配置原则

（1）系统应采用标准化、网络化、分布化和系统化的开放式硬件结构。

（2）系统采用标准化的通用软件产品，包括计算机产品、网络设备、操作系统、网络协议、商用数据库等，均遵循国际标准和电力行业标准。

（3）系统主网络应采用冗余的双交换式局域网结构，使用具备三层交换功能的企业级交换机，全分布式分流/冗余的局域网双网机制，交换速率为 10Mbit/s、100Mbit/s、1000Mbit/s 自适应，重要服务器（数据库服务器、前置服务器、DSCADA 服务器）采用 1000Mbit/s 速率接入，协议为 TCP/IP，重要防火墙采用 1000Mbit/s 速率接入。

（4）系统要求采用独立专用的数据采集与通信子网，配置独立的子网交换机，组成双局域网，交换速率为 10Mbit/s、100Mbit/s、1000Mbit/s 自适应，前置服务器及核心路由器采用 1000Mbit/s 速率接入，协议为 TCP/IP。

（5）系统如果采用无线公网进行数据采集，必须考虑满足安全防护要求，配置必要的防火墙或物理隔离装置。

（6）系统的规模及存储、处理能力满足配网自动化系统的功能、性能及容量要求，并留有足够的扩展余地。

（7）系统的构成能在单点故障时，做到系统信息不丢失，不影响主要功能。

三、远程工作站

配网自动化远程工作站承接主站对配电终端层设备运行情况的监控任务，是主站功能的延伸，远程工作站接收主站传送的配电终端运行数据，包含电流、电压等。远程工作站又对配电终端 FTU 进行遥控操作实现分/合开关。工作站主要包括配调工作站、维护工作站、报表工作站以及高级应用工作站，运行用户界面程序，完成系统的人机交互功能。

1. 调配工作站

为运行值班人员提供配电网监控人机联系界面，监视电力系统的运行状态，越限报警，完成配网自动化系统的各种人机交互功能。

2. 维护工作站

用于主站网络管理、通信系统管理、应用进程调试、参数维护等。通过工作站的画面显示和信息交换，配网维护人员可以监视配网自动化系统的运行状态，监视和管理计算机系统的运行状态，实现系统的各种人机交互功能。

3. 报表工作站

完成系统报表管理功能，生成电子报表，根据需要进行报表的打印。

4. 高级应用工作站

运行馈线自动化、故障信息管理、网络拓扑、状态估计、合环操作、潮流分析、负荷预测、电压无功优化等应用软件，完成配网自动化高级应用功能。

第二节　配网自动化终端设备

配网自动化终端主要指安装于开关站、配电房、环网柜、箱式变电站、柱上开关处，用于采集配电设备运行故障信息和进行控制的终端设备。根据应用场合不同，配网自动化终端设备分为架空线馈线自动化终端（FTU）、配电房配网自动化终端（DTU）、电缆型故障指示器和架空型故障指示器。

一、架空线馈线自动化终端（FTU）

馈线终端是装设在 10kV 断路器、负荷开关的开关监控装置。主要作用是采集各开关所在线路的电气参数，并将这些信息向上级系统传输；监视线路运行状况，当线路故障时及时上报，等待上级系统发来的指令进行开关的开/合控制，执行主站遥控命令。配网自动化终端的基本构成如图 3−3 所示。

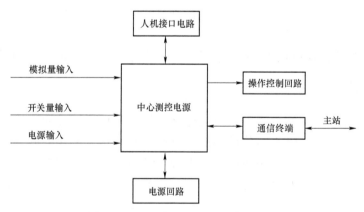

图 3−3　配网自动化终端的基本构成

架空线馈线自动化终端（FTU）适用于 10kV 架空线路的分段开关和联络开关的监测和控制，按照控制逻辑可设置成电流型、电压时间型两种工作模式。

1. 电流型工作模式

可采集三相电流、两侧三相电压和零序电流。

具有过电流保护功能和零序电流保护、两次自动重合闸功能和闭锁二次重合闸功能。

2. 电压时间型工作模式

（1）具有失电后延时分闸功能，即开关在合位、双侧失压、无流，失电延时时间到，控制开关分闸。

（2）具有得电后延时合闸功能，即开关在分位、一侧得压、一侧无压，得电延时时间到，控制开关合闸。

（3）具有单侧失压后延时合闸功能，即开关在分位且双侧电压正常持续规定时间以上，单侧电压消失，延时时间到后，控制开关合闸。

（4）具备双侧均有电压时，开关合闸逻辑闭锁功能，即开关处于分闸状态时，两侧电压均正常时，此时终端闭锁合闸功能。

（5）具有闭锁合闸功能。若合闸之后在设定时限之内失压，并检测到故障电流，则自动分闸并闭锁合闸。若合闸之后在设定时限之内没有检测到故障电流，则不闭锁合闸。

（6）具有闭锁分闸功能。若合闸之后在设定时间内没有检测到故障，则闭锁分闸功能，延时 5 分钟后闭锁复归。

（7）具有非遮断电流保护功能，即当检测到流过负荷开关的电流大于 600A 时，闭锁跳闸回路。

（8）可检测零序电压，具有零序电压保护功能，即在设定延时内检测到零序电压信号应立刻分闸，切除接地故障；在设定延时外检测到零序电压信号，终端不发出分闸控制命令。

二、配电房配网自动化终端（DTU）

站所终端 DTU 一般安装在常规的开关站、环网柜、小型变电站、箱式变电站等处，完成对开关设备遥测、遥信数据的采集，对开关进行分合闸操作，实现对馈线开关的故障识别、隔离和对非故障区间的恢复供电。

1. 配电站所终端功能

（1）DSCADA 测控功能：即传统 SCADA 系统终端的"三遥"（遥测、遥信、遥控）功能。

（2）短路故障检测功能：配网自动化系统的核心功能是馈线故障定位、隔离与自动恢复供电，这就要求配网终端能够采集并上报故障信息，这是其区别常规 RTU 的一个重要特点。

（3）小电流接地故障检测功能：配电网终端要能够检测小电流接地系统单相接地故障，记录零序电流与电压信号，供配网自动化系统确定小电流接地故障点的位置。

（4）配置与维护功能：采用标准化、平台化设置，可通过控制方式字及定值配置功能，适应不同的运行方式。此外，通过维护口，还可以下载应用程序模块，增加新的功能。

三、故障指示器

故障指示器是指安装在架空线、电力电缆上，用于指示故障电流流通的装置。故障指示器由传感器和显示器两部分组成，传感器负责探测线路、电缆通过的电流，显示器负责对传感器传送来的电流信息进行判断及做出故障指示动作。故障指示器基本构成框图如图 3-4 所示。

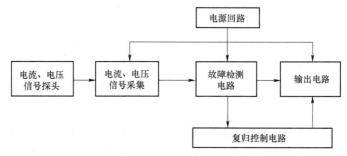

图 3-4　故障指示器基本构成框图

1. 分类及故障原理

（1）故障指示器按应用对象不同可分为架空型、电缆型和面板型（不着重介绍）三种类型。

架空型故障指示器如图 3-5（a）所示，传感器和显示（指示）部分集成于一个单元内，通过机械方式固定于架空线路（包括裸导线和绝缘导线），架空型故障指示器一般由三个相序故障指示器组成，且可带电装卸，装卸过程中不误报警。

电缆型故障指示器如图 3-5（b）所示，传感器和显示（指示）部分集成于一个单元内，通过机械方式固定于电缆线路（母排）上，通常安装在电缆分支箱、环网柜、开关柜等配电设备上，由三个相序故障指示器和一个零序故障指示器组成。

（2）根据是否具备通信功能，故障指示器分为就地型故障指示器和带通信故障指示器。

就地型故障指示器检测到线路故障并就地翻牌或闪光告警，不具备通信功能，故障查找仍需人工介入。

带通信故障指示器由故障指示器和通信装置（又称集中器）组成，故障指示器检测到线路故障不仅可就地翻牌或闪光告警，还可通过短距离无线方式将故障信息传至通信装置，通信装置再通过无线公网或光纤方式将故障信息送至主站。带通信故障指示器还可选配遥测、遥信功能，并将遥测信息以及开关开合、储能等状态量报至主站。

（3）根据故障指示器实现的功能可分为短路故障指示器、单相接地故障指示器和接地及短路故障指示器。

短路故障指示器（又称二合一故障指示器）是用于指示短路故障电流流通的装置。其原理是利用线路出现故障时电流正突变及线路停电来检测故障。根据短路时的特征，通过电磁感应方法测量线路中的电流突变及持续时间判断故障。因而它是一种适应负荷电流变化，只与故障时短路电流分量有关的故障检测装置。它的判据比较全面，可以大大减少误动作的可能性。

单相接地故障指示器可用于指示单相接地故障，其原理是通过接地检测原理，判断线路是否发生了接地故障，检测技术有 5 次谐波法、电压突变法、首半波法、零序电流法。

单相接地故障指示器可用于指示单相接地故障，其原理是通过接地检测原理，判断线路是否发生了接地故障。

接地短路故障指示器在设计上，综合考虑了接地和短路时输电线路的特点。

（a）　　　　　　　　　　　　　　　　（b）

图 3-5　故障指示器

（a）架空型故障指示器；（b）电缆型故障指示器

2. 功能

（1）故障指示：线路正常运行时显示白色，发生故障时窗口转为红色。

（2）在线运行：直接装在电力线路上，可长期户外带电运行，无须人力维护。

（3）自动复位：当线路发生短路故障即开始计时，按选定复位时间自动复位。

（4）不同类型：有架空型、电缆型、母排型等。

（5）带电装卸：在线路正常运行时，可带电安装和拆卸（母排型除外）。

3. 故障点查找

在线路上安装故障指示器后，当系统发生故障时，由于从故障点到馈电点的线路都出现了故障电流，导致从故障点到馈电点之间线路上所有的故障指示器动作，指示灯就会闪亮。从馈电点开始，沿着故障指示灯闪亮的线路一直查找，最后一个闪亮点就是故障点。

四、配网通信方式

配网通信一般采用主干层和接入层两层结构组网，配网主站系统至变电站的主干通信网一般采用光纤传输网方式，变电站至配网终端之间的接入部分采用多种通信方式，主要有以下几种。

1. 工业以太网通信

有源光网络主要是利用工业以太网技术，具有技术成熟、性能稳定、组网灵活、便于升级扩容等优点，适合高温、潮湿环境、强电磁干扰等恶劣环境下的应用。不足之处是存在点对点结构纤芯资源浪费、相对投资高等缺点。

2. 无源光纤通信

无源光纤通信主要是利用以太网无源光网络（EPON）技术，采用点到多点结构，无源光纤传输，具有成本低、带宽高、扩展性强、组网快速灵活，以及方便与现有以太网完全兼容等优点。不足之处是 EPON 组网方式以星形为主，对于链形和环形网络受技术本身限制支持较差，施工前需严格规划各节点的光功率，不利于灵活组网和未来扩容需求。

3. 无线公网通信

无线公网通信主要包括 GPRS、CDMA 等。无线公网可节约光缆铺设费用，组网灵活，适用于无线公共网络覆盖完整且信号优良的城市，不足之处是只适合于实时性要求不高的数据采集应用，可靠性、安全性方面有待进一步提高。

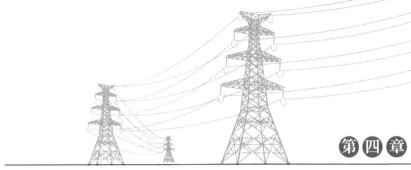

第四章

10kV 及以下架空线路施工与验收

第一节 架 空 线 路

一、电杆基坑及基础埋设

10kV 及以下基坑施工前的定位应符合下列规定：

（1）10kV 及以下架空电力线路不应超过设计挡距的 3%。直线杆横线路方向位移不应超过 50mm。

（2）转角杆、分支杆的横线路、顺线路方向的位移均不应超过 50mm。

（3）电杆基础坑深度的允许偏差应为 +100、-50mm。同基基础坑在允许偏差范围内应按最深一坑持平。

（4）10kV 及以下架空电力线路基坑每回填 500mm 应夯实一次；松软土质的基坑，回填土时应增加夯实次数或采取加固措施；回填土后的电杆基坑宜设置防沉土层；土层上部面积不宜小于坑口面积；培土高度应超出地面 300mm；当采用抱杆立杆留有滑坡时，滑坡（马道）回填土应夯实，并留有防沉土层。

二、电杆组立

杆塔各构件的组装应牢固，交叉处有空隙者，应装设相应厚度的垫圈或垫板。

当采用螺栓连接构件时，应符合下列规定：

（1）螺杆应与构件面垂直，螺栓头平面与构件间不应有空隙；

（2）螺母拧紧后，螺杆露出螺母的长度：对单螺母不应小于两个螺距，对双螺母可与螺母相平；

（3）必须加垫者，每端不宜超过两个垫片。

螺栓的穿入方向应符合下列规定：

（1）对立体结构：

1）水平方向由内向外；

2）垂直方向由下向上。

（2）对平面结构：

1）顺线路方向，由送电侧穿入或按统一方向穿入；

2）横线路方向，两侧由内向外，中间由左向右（指面向受电侧，下同）或按统一方向；

3）垂直方向由下向上。

单电杆立好后应正直，位置偏差应符合下列规定：

（1）直线杆的横向位移不应大于 50mm。

（2）直线杆的倾斜，10kV 及以下架空电力线路杆梢的位移不应大于杆梢直径的 1/2。

（3）转角杆的横向位移不应大于 50mm。

（4）转角杆应向外角预偏，紧线后不应向内角倾斜，向外角的倾斜，其杆梢位移不应大于杆梢直径。

（5）终端杆立好后，应向拉线侧预偏，其预偏值不应大于杆梢直径。紧线后不应向受力侧倾斜。

双杆立好后应正直，位置偏差应符合下列规定：

（1）直线杆结构中心与中心桩之间的横向位移，不应大于 50mm；转角杆结构中心与中心桩之间的横、顺向位移，不应大于 50mm。

（2）迈步不应大于 30mm。

（3）根开不应超过±30mm。

工程移交时，杆塔上应有下列固定标志：

（1）杆塔号及线路名称或代号；

（2）耐张型杆塔、换位杆塔及换位杆塔前后各一基杆塔的相位标志；

（3）高杆塔按设计规定装设的航行障碍标志；

（4）在多回路杆塔上应注明每回路的布置及线路名称。

三、横担及绝缘子安装

35kV 及以下线路单横担的安装，直线杆应装于受电侧；分支杆、90°转角杆（上、下）及终端杆应装于拉线侧。

横担安装应平正，安装偏差应符合下列规定：

（1）横担端部上下歪斜不应大于 20mm。

（2）横担端部左右扭斜不应大于 20mm。

（3）双杆的横担，横担与电杆连接处的高差不应大于连接距离的 5/1000；左右扭斜不应大于横担总长度的 1/100。

绝缘子安装前应逐个表面清洗干净，并应逐个（串）进行外观检查。安装时应检查碗头、球头与弹簧销子之间的间隙。在安装好弹簧销子的情况下球头不得自碗头中脱出。验收前应清除瓷（玻璃）表面的污垢。有机复合绝缘子伞套的表面不允许有开裂、脱落、破损等现象，绝缘子的芯棒与端部附件不应有明显的歪斜。

瓷横担绝缘子安装应符合下列规定：

（1）当直立安装时，顶端顺线路歪斜不应大于 10mm。

（2）当水平安装时，顶端宜向上翘起 5°～15°；顶端顺线路歪斜不应大于 20mm。

（3）当安装于转角杆时，顶端竖直安装的瓷横担支架应安装在转角的内角侧（瓷横担应装在支架的外角侧）。

（4）全瓷式瓷横担绝缘子的固定处应加软垫。

绝缘子安装应符合下列规定：

（1）安装应牢固，连接可靠，防止积水。

（2）安装时应清除表面灰垢、附着物及不应有的涂料。

（3）悬式绝缘子安装，尚应符合下列规定：

1）与电杆、导线金具连接处，无卡压现象。

2）耐张串上的弹簧销子、螺栓及穿钉应由上向下穿。当有特殊困难时可由内向外或由左向右穿入。

3）悬垂串上的弹簧销子、螺栓及穿钉应向受电侧穿入。两边线应由内向外，中线应由左向右穿入。

绝缘子裙边与带电部位的间隙不应小于 50mm。

采用的闭口销或开口销不应有折断、裂纹等现象。当采用开口销时应对称开口，开口角度应为 30°～60°。

严禁用线材或其他材料代替闭口销、开口销。

35kV 及以下架空电力线路的瓷悬式绝缘子，安装前应采用不低于 5000V 的绝缘电阻表逐个进行绝缘电阻测定。在干燥情况下，绝缘电阻值不得小于 500MΩ。

四、导线修补

导线在展放过程中，对已展放的导线应进行外观检查，不应发生磨伤、断股、扭曲、金钩、断头等现象。

导线在同一处损伤，同时符合下列情况时，应将损伤处棱角与毛刺用 0 号砂纸磨光，可不作补修：

（1）单股损伤深度小于直径的 1/2。

（2）钢芯铝绞线、钢芯铝合金绞线损伤截面积小于导电部分截面积的 5%，且强度损失小于 4%。

（3）单金属绞线损伤截面积小于 4%。

当导线在同一处损伤需进行修补时，应符合下列规定：

（1）损伤补修处理标准应符合表 4－1 的规定。

（2）当采用缠绕处理时，应符合下列规定：

1）受损伤处的线股应处理平整；

2）应选与导线同金属的单股线为缠绕材料，其直径不应小于 2mm；

3）缠绕中心应位于损伤最严重处，缠绕应紧密，受损伤部分应全部覆盖，其长度不应小于 100mm。

当采用补修预绞丝补修时，应符合下列规定：

（1）受损伤处的线股应处理平整；

（2）补修预绞丝长度不应小于 3 个节距，或应符合现行国家标准《电力金具》预绞丝中的规定；

（3）补修预绞丝的中心应位于损伤最严重处，且与导线接触紧密，损伤处应全部覆盖。

表 4-1　　　　　　　　　　　　　　导线损伤补修处理标准

处理方法	线　别	
	钢芯铝绞线与钢芯铝合金绞线	铝绞线与铝合金绞线
以缠绕或补修预绞丝修理	导线在同一处损伤的程度已经超过规定，但因损伤导致强度损失不超过总拉断力的 5%，且截面积损伤又不超过总导电部分截面积的 7%时	导线在同一处损伤的程度已经超过规定，但因损伤导致强度损失不超过总拉断力的 5%时
以补修管补修	导线在同一处损伤的强度损失已经超过总拉断力的 5%，但不足 17%时，且截面积损伤也不超过导电部分截面积的 25%时	导线在同一处损伤，强度损失超过总拉断力的 5%，但不足 17%时

当采用补修管补修时，应符合下列规定：

（1）损伤处的铝（铝合金）股线应先恢复其原绞制状态；

（2）补修管的中心应位于损伤最严重处，需补修导线的范围应于管内各 20mm 处。

五、导线接续

导线在同一处损伤有下列情况之一者，应将损伤部分全部割去，重新以直线接续管连接：

（1）钢芯铝绞线的钢芯断一股。

（2）导线出现灯笼的直径超过导线直径的 1.5 倍而又无法修复。

（3）金钩、破股已形成无法修复的永久变形。

导线与连接管连接前应清除导线表面和连接管内壁的污垢，清除长度应为连接部分的 2 倍。连接部位的铝质接触面，应涂一层电力复合脂，用细钢丝刷清除表面氧化膜，保留涂料，进行压接。

导线与接续管采用钳压连接，应符合下列规定：

（1）接续管型号与导线的规格应配套。

（2）压口数及压后尺寸应符合表 4-2 的规定。

表 4-2　　　　　　　　　　　　　　钳压压口数及压后尺寸

导线型号		压口数	压后尺寸 D（mm）	钳压部位尺寸（mm）		
				α_1	α_2	α_3
铝绞线	LJ-16	6	10.5	28	20	34
	LJ-25	6	12.5	32	20	36
	LJ-35	6	14.0	36	25	43
	LJ-50	8	16.5	40	25	45
	LJ-70	8	19.5	44	28	50
	LJ-95	10	23.0	48	32	56
	LJ-120	10	26.0	52	33	59
	LJ-150	10	30.0	56	34	62
	LJ-185	10	33.5	60	35	65

续表

导线型号		压口数	压后尺寸 D (mm)	钳压部位尺寸（mm）		
				α_1	α_2	α_3
铜芯铝绞线	LGJ-16/3	12	12.5	28	14	28
	LGJ-25/4	14	14.5	32	15	31
	LGJ-35/6	14	17.5	34	42.5	93.5
	LGJ-50/8	16	20.5	38	48.5	105.5
	LGJ-70/10	16	25.0	46	54.5	123.5
	LGJ-95/20	20	29.0	54	61.5	142.5
	LGJ-120/20	24	33.0	62	67.5	160.5
	LGJ-150/20	24	36.0	64	70	166
	LGJ-185/25	26	39.0	66	74.5	173.5
	LGJ-240/30	2×14	43.0	62	68.5	161.5

（3）压口位置、操作顺序应按图 4-1 进行。

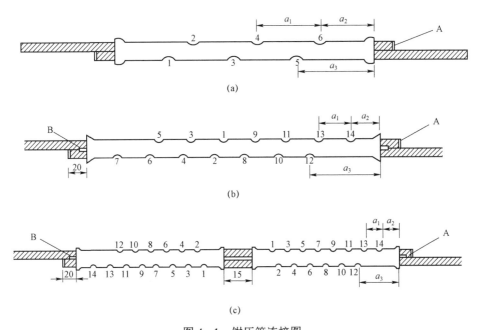

图 4-1 钳压管连接图

（a）LJ-35 铝绞线；（b）LGJ-35 钢芯铝绞线；（c）LGJ-240 钢芯铝绞线

1、2、3、…、14—压接操作顺序；A—绑线；B—垫片

（4）钳压后导线端头露出长度，不应小于 20mm，导线端头绑线应保留。

（5）压接后的接续管弯曲度不应大于管长的 2%，有明显弯曲时应校直。

（6）压接后或校直后的接续管不应有裂纹。

（7）压接后接续管两端附近的导线不应有灯笼、抽筋等现象。

（8）压接后接续管两端出口处、合缝处及外露部分，应涂刷电力复合脂。

（9）压后尺寸的允许误差，铝绞线钳接管为±1.0mm；钢芯铝绞线钳接管为±0.5mm。

10kV 及以下架空电力线路的导线，当采用缠绕方法连接时，连接部分的线股应缠绕良好，不应有断股、松股等缺陷。

10kV 及以下架空电力线路在同一挡距内，同一根导线上的接头不应超过 1 个。导线接头位置与导线固定处的距离应大于 0.5m，当有防震装置时，应在防震装置以外。

六、导线固定及弧垂的观测

架空电力线路观测弧垂时应实测导线或避雷线周围空气的温度；弧垂观测挡的选择，应符合下列规定：

（1）当紧线段在 5 挡及以下时，靠近中间选择 1 挡。

（2）当紧线段在 6～12 挡时，靠近两端各选择 1 挡。

（3）当紧线段在 12 挡以上时，靠近两端及中间各选择 1 挡。

（4）观测挡宜选挡距较大和悬挂点高差较小及接近代表挡距的线挡。

（5）弧垂观测挡的数量可以根据现场条件适当增加，但不得减少。

10kV 及以下架空电力线路的导线紧好后，弧垂的误差不应超过设计弧垂的±5%。同挡内各相导线弧垂宜一致，水平排列的导线弧垂相差不应大于 50mm。

弧垂观测如图 4-2 所示。

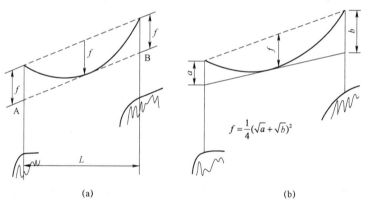

$$f=\frac{1}{4}(\sqrt{a}+\sqrt{b})^2$$

（a）   （b）

图 4-2　观测弧垂图
（a）等长法观测弧垂图；（b）异长法观测弧垂图

导线的固定应牢固、可靠，且应符合下列规定：

（1）直线转角杆：对针式绝缘子，导线应固定在转角外侧的槽内；对瓷横担绝缘子导线应固定在第一裙内。

（2）直线跨越杆：导线应双固定，导线本体不应在固定处出现角度。

（3）裸铝导线在绝缘子或线夹上固定应缠绕铝包带，缠绕长度应超出接触部分 30mm。铝包带的缠绕方向应与外层线股的绞制方向一致。

10kV 及以下架空电力线路的裸铝导线在蝶式绝缘子上做耐张且采用绑扎方式固定时，绑扎长度应符合表 4-3 的规定。

表 4-3 　　　　　　　　　　　　绑 扎 长 度 值

导线截面（mm²）	绑扎长度（mm）
LJ-50、LGJ-50 及以下	≥150
LJ-70	≥200

10～35kV 架空电力线路当采用并沟线夹连接引流线时，线夹数量不应少于 2 个。连接面应平整、光洁。导线及并沟线夹槽内应清除氧化膜，涂电力复合脂。

10kV 及以下架空电力线路的引流线（跨接线或弓子线）之间、引流线与主干线之间的连接应符合下列规定：

（1）不同金属导线的连接应有可靠的过渡金具。

（2）同金属导线，当采用绑扎连接时，绑扎长度应符合表 4-4 的规定。

表 4-4 　　　　　　　　　　　　绑 扎 长 度 值

导线截面（mm²）	绑扎长度（mm）
35 及以下	≥150
50	≥200
70	≥250

（3）绑扎连接应接触紧密、均匀、无硬弯，引流线应呈均匀弧度。

（4）当不同截面导线连接时，其绑扎长度应以小截面导线为准。

绑扎用的绑线，应选用与导线同金属的单股线，其直径不应小于 2.0mm。

1～10kV 线路每相引流线、引下线与邻相的引流线、引下线或导线之间，安装后的净空距离不应小于 300mm；1kV 以下电力线路，不应小于 150mm。

线路的导线与拉线、电杆或构架之间安装后的净空距离，35～10kV 时，不应小于 200mm；1kV 以下时，不应小于 100mm。

1kV 以下电力线路当采用绝缘线架设时，应符合下列规定：

（1）展放中不应损伤导线的绝缘层和出现扭、弯等现象。

（2）导线固定应牢固可靠，当采用蝶式绝缘子作耐张且用绑扎方式固定时，绑扎长度应符合规定。

（3）接头应符合有关规定，破口处应进行绝缘处理。

沿墙架设的 1kV 以下电力线路，当采用绝缘线时，除应满足设计要求外，还应符合下列规定：

（1）支持物牢固可靠。

（2）接头符合有关规定，破口处缠绕绝缘带。

（3）中性线在支架上的位置，设计无要求时，安装在靠墙侧。

第二节　杆上电气设备安装

1. 10kV 及以下架空电力线路上的电气设备的安装

10kV 及以下架空电力线路上的电气设备的安装应符合下列规定：

（1）安装应牢固可靠。

（2）电气连接应接触紧密，不同金属连接，应有过渡措施。

（3）瓷件表面光洁，无裂缝、破损等现象。

2. 杆上变压器及变压器台的安装

杆上变压器及变压器台的安装应符合下列规定：

（1）水平倾斜不大于台架根开的 1/100。

（2）一、二次引线排列整齐、绑扎牢固。

（3）储油柜、油位正常，外壳干净。

（4）接地可靠，接地电阻值符合规定。

（5）套管压线螺栓等部件齐全。

（6）呼吸孔道通畅。

3. 变压器吊装

变压器吊装时，索具必须检查合格，钢丝绳必须挂在油箱的吊钩上，上盘的吊环仅作吊芯用，不得用此吊环吊装整台变压器，见图4－3。

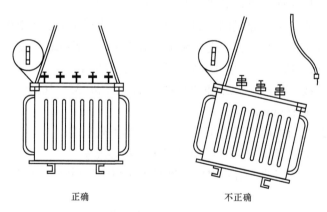

正确　　　　　　　　不正确

图4－3　吊装变压器图

4. 变压器搬运

变压器搬运过程中，不应有冲击或严重振动情况，利用机械牵引时，牵引的着力点应在变压器重心以下，以防倾斜，运输倾斜角不得超过 15°，防止内部结构变形。

5. 跌落式熔断器安装

应符合下列规定：

（1）各部分零件完整。

（2）转轴光滑灵活，铸件不应有裂纹、砂眼、锈蚀。

（3）瓷件良好，熔丝管不应有吸潮膨胀或弯曲现象。

（4）熔断器安装牢固、排列整齐，熔管轴线与地面的垂线夹角为 15°～30°。熔断器水平相间距离不小于 500mm。

（5）操作时灵活可靠、接触紧密。合熔丝管时上触头应有一定的压缩行程。

（6）上、下引线压紧，与线路导线的连接紧密可靠。

6. 杆上断路器和负荷开关的安装

应符合下列规定：

（1）水平倾斜不大于托架长度的 1/100。

（2）引线连接紧密，当采用绑扎连接时，长度不小于 150mm。

（3）外壳干净，不应有漏油现象，气压不低于规定值。

（4）操作灵活，分、合位置指示正确可靠。

（5）外壳接地可靠，接地电阻值符合规定。

7. 杆上隔离开关安装

应符合下列规定：

（1）瓷件良好。

（2）操动机构动作灵活。

（3）隔离刀刃合闸时接触紧密，分闸后应有不小于 200mm 的空气间隙。

（4）与引线的连接紧密可靠。

（5）水平安装的隔离刀刃，分闸时，宜使静触头带电。

（6）三相连动隔离开关的三相隔离刀刃应分、合同期。

8. 杆上避雷器的安装

应符合下列规定：

（1）瓷套与固定抱箍之间加垫层。

（2）排列整齐、高低一致，相间距离：1～10kV 时，不小于 350mm；1kV 以下时，不小于 150mm。

（3）引线短而直、连接紧密，采用绝缘线时，其截面应符合下列规定：

1）引上线：铜线不小于 16mm²，铝线不小于 25mm²；

2）引下线：铜线不小于 25mm²，铝线不小于 35mm²。

（4）与电气部分连接，不应使避雷器产生外加应力。

（5）引下线接地可靠，接地电阻值符合规定。

9. 低压熔断器和开关安装各部接触应紧密，便于操作。且低压熔丝（片）安装，应符合下列规定

（1）无弯折、压偏、伤痕等现象。

（2）严禁用线材代替熔丝（片）。

第三节 接地工程及线路防护

一、接地装置的连接应可靠

（1）连接前，应清除连接部位的铁锈及其附着物。接地体的连接采用搭接焊时，应符合下列规定：

1）扁钢的搭接长度应为其宽度的 2 倍，四面施焊。

2）圆钢的搭接长度应为其直径的 6 倍，双面施焊。

3）圆钢与扁钢连接时，其搭接长度应为圆钢直径的 6 倍。

4）扁钢与钢管、扁钢与角钢焊接时，除应在其接触部位两侧进行焊接外，还应以由钢带弯成的弧形（或直角形）与钢管（或角钢）焊接。

（2）采用垂直接地体时，应垂直打入，并与土壤保持良好接触，防止晃动。

（3）接地引下线与接地体连接，应便于解开测量接地电阻。接地引下线应紧靠杆身，每隔一定距离与杆身固定一次。接地电阻值，应符合有关规定。

（4）接地沟的回填宜选取无石块及其他杂物的泥土，并应夯实。在回填后的沟面应设有防沉层，其高度宜为 100～300mm。

（5）接地体连接应符合下列规定：

1）连接前应清除连接部位的浮锈；

2）除设计规定的断开点可用螺栓连接外，其余应用焊接或液压、爆压方式连接；

3）接地体间连接必须可靠。

当圆钢采用液压或爆压连接时，接续管的壁厚不得小于 3mm，长度不得小于：搭接时圆钢直径的 10 倍，对接时圆钢直径的 20 倍。

接地用圆钢如采用液压、爆压方式连接，其接续管的型号与规格应与所压圆钢匹配。

（6）采用降阻剂时，应采用成熟有效的降阻剂作为降低接地电阻的措施。

二、线路防护

1. 电力线路保护范围

（1）架空电力线路保护范围：杆塔、基础、拉线、接地装置、导线、金具、绝缘子、登杆塔的爬梯和脚扣，导线跨越航道的保护设施，巡（保）线站。

（2）电力电缆线路保护范围：架空、地下、水底电缆和电缆连接装置，电缆管道、电缆隧道、电缆沟、电缆井、盖板、人孔、标志牌及附属设施。

（3）电力线路上的变压器、电容器、断路器、隔离开关、避雷器、互感器、熔断器、计量仪表装置、配电室、箱式变电站。

2. 电力线路保护区

（1）架空电力线路保护区：为导线边线向两侧延伸一定距离所形成的两条平行线内的区

域。1～10kV 配电线路的防护区为 5m。

（2）电力电缆线路保护区。地下电缆线路两侧各 0.75m 所形成的两平行线内的区域。

邻近或交叉其他电力线工作的安全距离见表 4－5，在带电线路杆塔上工作与带电导线最小安全距离见表 4－6，工作人员工作中正常活动范围与带电设备的安全距离见表 4－7，设备不停电时的安全距离见表 4－8，起重机械与带电体的最小安全距离见 4－9。

表 4－5　　　　　　　　　　邻近或交叉其他电力线工作的安全距离

电压等级（kV）	安全距离（m）	电压等级（kV）	安全距离（m）
10 及以下	1.0	220	4.0
20、35	2.5	330	5.0
63（66）、110	3.0	500	6.0

表 4－6　　　　　　　　在带电线路杆塔上工作与带电导线最小安全距离

电压等级（kV）	安全距离（m）	电压等级（kV）	安全距离（m）
10 及以下	0.70	220	3.00
20～35	1.00	330	4.00
63（66）～110	1.50	500	5.00

表 4－7　　　　　　　工作人员工作中正常活动范围与带电设备的安全距离

电压等级（kV）	安全距离（m）
10 及以下	0.35
20、35	0.60
63（66）、110	1.50

表 4－8　　　　　　　　　　　设备不停电时的安全距离

电压等级（kV）	安全距离（m）
10 及以下	0.70
20、35	1.00
63（66）、110	1.50

表 4－9　　　　　　　　　起重机械与带电体的最小安全距离

线路电压（kV）	<1	1～20	35～110	220	330	500
与线路最大风偏时的安全距离（m）	1.5	2	4	6	7	8.5

进行低电位带电作业时，人身与带电体间的安全距离不得小于表 4-10 的规定。35kV 及以下的带电设备，不能满足表 4-10 规定的最小安全距离时，应采取可靠的绝缘隔离措施。

表 4-10　　　　　　　　　　　　　人身与带电体的安全距离

电压等级（kV）	10	35	63（66）	110	220	330	500
距离（m）	0.4	0.6	0.7	1.0	1.8 （1.6）（1）	2.2	3.4 （3.2）（2）

第五章

架空配电线路运行与维护

第一节　配电线路巡视与操作

架空配电线路巡视是保障线路安全运行的基本要求，对线路安全运行至关重要，是线路改造升级、缺陷处理、维护检修等工作的依据。运行检修工作必须依照线路巡视情况制定计划上报执行，是运行工作中必不可少的关键环节。

一、架空配电线路巡视种类

1. 定期性巡视

定期性巡视的目的是经常掌握配电线路各部件的运行状况、沿线情况以及随季节而变化的其他情况。定期性巡视可由线路专责人单独进行，但巡视中不得攀登杆塔及带电设备，并应与带电设备保持足够的安全距离，即 10kV 不小于 0.7m。

2. 特殊性巡视

特殊性巡视是指遇有气候异常变化（如大雪、大雾、暴风、大风、沙尘暴等）、自然灾害（如地震、河水泛滥等）、线路过负荷和遇有重要政治活动、大型节假日等特殊情况时针对线路全部或全线某段、某些部件进行的巡视，以便发现线路的异常变化和损坏。

3. 夜间巡视

夜间巡视在线路高峰负荷时进行，主要利用夜间的有利条件发现导线接头接点有无发热打火、绝缘子表面有无闪络放电现象。

4. 故障性巡视

故障性巡视的目的是为了查明线路发生故障的地点和原因，以便排除。无论线路故障重合与否，均应在故障跳闸或发现接地后立即进行巡视。

5. 监察性巡视

由运行部门领导和线路专责技术人员进行，也可由专责巡线人员互相交叉进行。目的是了解线路和沿线情况，检查专责人员巡线工作质量，并提高其工作水平。巡视可在春季、秋季安全检查及高峰负荷时进行，可全面巡视，也可抽查巡视。

二、架空配电线路巡视周期

规程规定，架空线路定期巡视周期为：市区公网及专线每月巡视一次，郊区及农村线路每季至少一次。特殊巡视的周期不做规定，根据实际情况随时进行。夜间巡视周期为：公网及专线每半年一次，其他线路每年一次。监察性巡视周期为：重要线路和事故多的线路每年至少一次。

三、架空配电线路巡视内容

1. 导线的巡视检查

（1）裸导线的巡视检查。

1）导线有无断股、烧伤，化工和沿海地区导线有无腐蚀现象。

2）各相弧垂是否一致，弧垂误差不得超过设计值的 -5% 或 $+10\%$，一般挡距导线弧垂相差不应超过 50mm。

3）接头有无变色、烧熔、锈蚀，铜铝导线连接是否使用过渡线夹（特别是低压中性线接头），并沟线夹弹簧垫圈是否齐全，螺母是否紧固。

4）引流线对相邻相及对地距离是否符合要求（最大摆动时，10kV 对地不小于 200mm，线间不小于 300mm；低压对地不小于 100mm，线间不小于 150mm）。

（2）绝缘导线的巡视检查。

1）绝缘线外皮有无磨损、变形、龟裂等。

2）绝缘护罩扣合是否紧密，有无脱落现象。

3）各相弧垂是否一致，有无过紧或过松。

4）引流线最大摆动时对地不应小于 200mm，线间不小于 300mm。

5）沿线有无树枝剐蹭绝缘导线。

6）红外监测技术检查触点有无发热现象。

7）绝缘耐张线夹与绝缘导线连接处有无导线绝缘层连接分离现象。

2. 杆塔的巡视检查

（1）杆塔是否倾斜（混凝土杆：转角杆、直线杆不应大于 15/1000，转角杆不应向内角倾斜，终端杆不应向导线侧倾斜，向拉线侧倾斜应小于 200mm；铁塔：50m 以下不应大于 10/1000，50m 以上不应大于 5/1000）；铁塔构件有无弯曲、变形、锈蚀；螺栓有无松动；混凝土杆有无裂纹（不应有纵向裂纹，横向裂纹不应超过 1/3 周长，且裂纹宽度不应大于 0.5mm）、酥松、钢筋外露、焊接处有无开裂、锈蚀。

（2）基础有无损坏、下沉或上拔，周围土壤有无挖掘或沉陷，寒冷地区电杆有无冻鼓现象。

（3）杆塔位置是否合适，有无被车撞的可能，或被水淹、冲的可能，杆塔周围防洪设施有无损坏、坍塌。

（4）杆塔标志（杆号、相位、警告牌等）是否齐全、明显。

（5）杆塔周围有无杂草和蔓藤类植物附生。有无危及安全的鸟巢、风筝及杂物。

3. 横担和金具的巡视检查

（1）横担有无锈蚀（锈蚀面积超过 1/2）、歪斜（上下倾斜、左右偏歪不应大于横担长度的 2%）、变形。

（2）金具有无锈蚀、变形；螺栓有无松动、缺帽；开口销有无锈蚀、断裂、脱落。

4. 绝缘子的巡视检查

（1）绝缘子有无脏污，出现裂纹、闪络痕迹，表面硬伤超过 1cm^2，扎线有无松动或断落。

（2）绝缘子有无歪斜，紧固螺丝是否松动，铁脚、铁帽有无锈蚀、弯曲。

（3）合成绝缘子伞裙有无破裂、烧伤。

5. 配网自动化缺陷巡视要求

配网自动化缺陷分类如下：

（1）紧急缺陷：配网自动化主站故障停用或主要监控功能失效，全部监控工作站故障停用，主站 UPS 电源故障，通信设备故障引起大面积终端通信中断，配电终端发生误动或设备事故停用。

（2）重大缺陷：配网自动化主站重要功能失效或异常，配电终端遥控拒动，24h 不在线或 1 周内在线率低于 70%等异常，对调度员监控判断电网运行状态有影响的重要遥测、遥信量故障，配网自动化主站核心设备（数据服务器、SCADA 服务器、前置服务器、GPS 天文时钟）单机停用、单网运行、单电源运行。

（3）一般缺陷：除核心主机外其他设备的单网运行，1 月内在线率低于 90%的终端，一般遥测量、遥信量异常，配电终端后备蓄电池匮电等。

巡视要求：

（1）各运行维护部门应按规定周期对配网自动化主站、配电终端进行巡视维护，确保设备运行正常，信息准确完整。

（2）市公司调控中心通信自动化班应每日对配网自动化主站、通信设备巡视 1 次，定期（最长不超过 1 个月）对主站系统数据库进行备份，发现异常情况及时报告并处理。

（3）各县分公司调度所值班调度员应对配网自动化工作站和数据通道、终端运行状况进行实时监屏，发现异常情况及时报告处理；运维班结合日常配网线路和设备巡视；同期进行配电终端的现场巡视，巡视周期为每季度不少于 1 次。

6. 电力电缆的巡视检查

（1）电缆路径上路面是否正常，有无挖掘痕迹。

（2）路径上有无临建工地及堆积物。

（3）路径上有无酸碱性排泄物或堆积石灰等。

（4）电缆护管、标桩是否损坏或丢失。

（5）架空电缆检查钢索有无断股锈蚀严重，支撑杆是否倾斜。

（6）沿墙、楼敷设的电缆固定架是否牢固锈蚀严重，有无松脱现象。

（7）终端头及接地体有无异常情况。

（8）电缆沟道是否有积水、杂物。

（9）电缆沟道是否与天然气管道邻近，天然气有无泄露到电缆沟道的可能。

7. 拉线、顶（撑）杆、拉线柱的巡视检查

（1）拉线有无锈蚀、松弛、断股和张力分配不均等现象。

（2）拉线绝缘子是否损坏或缺少。

（3）拉线、抱箍等金具有无变形、锈蚀。

（4）拉线固定是否牢固，拉线基础周围土壤有无突起、沉陷、缺土等现象。

（5）拉桩有无偏斜、损坏。

（6）水平拉线对地距离是否符合要求。

（7）拉线有无妨碍交通或被车碰撞。

（8）顶（撑）杆、拉线柱、保护桩等有无损坏、开裂、腐朽等现象。

8. 防雷设施的巡视检查

（1）避雷器绝缘裙有无硬伤、老化、裂纹、脏污、闪络。

（2）避雷器的固定是否牢固，有无歪斜、松动现象。

（3）引线连接是否牢固，上下压线有无开焊、脱落，触点有无锈蚀。

（4）引线与相邻和杆塔构件的距离是否符合规定。

（5）附件有无锈蚀，接地端焊接处有无开裂、脱落。

9. 接地装置的巡视检查

（1）接地引下线有无断股、损伤、丢失。

（2）接头接触是否良好，线夹螺栓有无松动、锈蚀。

（3）接地引下线的保护管有无破损、丢失，固定是否牢靠。

（4）接地体有无外露、严重腐蚀，在埋设范围内有无土方工程。

10. 接户线的巡视检查

（1）线间距离和对地、对建筑物等交叉跨越距离是否符合规定。

（2）绝缘层有无老化、损坏。

（3）接点接触是否良好，有无电化腐蚀现象。

（4）绝缘子有无破损、脱落。

（5）支持物是否牢固，有无腐朽、锈蚀、损坏等现象。

（6）弧垂是否合适，有无混线、烧伤现象。

11. 线路保护区巡视检查

（1）线路上有无搭落的树枝、金属丝、锡箔纸、塑料布、风筝等。

（2）线路周围有无堆放易被风刮起的锡箔纸、塑料布、草垛等。

（3）沿线有无易燃、易爆物品和腐蚀性液体和气体。

（4）有无危及线路安全运行的建筑脚手架、吊车、树木、烟囱、天线、旗杆等。

（5）线路附近有无敷设管道、修桥筑路、挖沟修渠、平整土地、砍伐树木及在线路下方修房栽树、堆放土石等。

（6）线路附近有无新建的化工厂、农药厂、电石厂等污染源及打靶场、开石爆破等不安全现象。

（7）导线对其他电力线路、弱电线路的距离是否符合规定。

（8）导线对地、道路、公路、铁路、管道、索道、河流、建筑物等距离是否符合规定。

（9）防护区内有无植树、种竹情况，导线与树、竹间距离是否符合规定。

（10）线路附近有无射击、放风筝、抛扔外物、飘洒金属和在杆塔、拉线上拴牲畜等情况。

（11）查明沿线是否发生江河泛滥、山洪和泥石流等异常现象。

（12）有无违反《电力设施保护条例》的建筑。

架空配电线路巡视项目见表 5-1。

表 5—1 架空配电线路巡视项目

序号	巡视内容	运行标准
1	杆塔部分	杆塔不应发生倾斜,杆顶部偏斜不应超过一个杆顶直径;转角杆、直线杆倾斜度不大于 15/1000,转角杆不应向内角倾斜,终端杆不应向导线侧倾斜,50m 以下铁塔倾斜度不大于 10/1000
2		横担不应发生歪扭、上下倾斜、左右偏歪,横担倾斜不大于横担长度的 2.0%;横担歪斜度不大于 1.0%
3		杆塔、横担及拉线各部件不应发生严重锈蚀、变形
4		杆塔、横担及拉线部件的固定不应发生缺螺栓或螺母、螺栓丝扣长度不够、螺栓松动现象
5		瓷横担不应发生严重污秽、硬伤,且破伤面积不应大于 50mm²
6		杆塔及拉线基础周围土壤不应有被挖掘或沉陷、缺土、突起、护基沉塌或被冲刷现象
7		杆塔周围不应有杂草过高、鸟巢及蔓藤类植物附生现象
8		线路名称、杆塔编号字迹应清晰,相位标示、警告标示应齐全
9		杆塔位置应适合,不应有被车撞的可能,保护设施应完备,标志应齐全
10		顶(撑)杆、拉线柱、保护桩等应无损坏、开裂、腐朽等现象
11		电杆埋设深度符合要求
12	拉线部分	拉线及部件不应有锈蚀、松弛、断股、抽筋、张力分配不均现象,不应有缺螺栓螺帽、铅丝封头松动缺少现象
13		拉线断股不应超过总面积 1/6 以上;拉线棒、抱箍等金具不应有严重变形或缺失;拉线穿越公路时,对路面中心的距离不应小于 6m,或对路面的最小距离不应小于 4.5m,拉线柱的倾角采用 10~15°
14	基础部分	混凝土杆不应有严重裂纹、流铁锈水等现象,保护层不应脱落、酥松、钢筋外露,混凝土预应力杆不应有裂纹,普通混凝土水泥杆不宜有纵向裂纹,横向裂纹不宜超过 1/3 周长,且裂纹宽度不宜大于 0.5mm,木杆不应严重腐朽,铁塔主材弯曲不大于 5/1000
15		混凝土杆不应发生混凝土脱落、钢筋外露、脚钉缺少现象;焊接处不应有开裂、锈蚀现象
16		混凝土基础不应有裂纹、酥松、钢筋外露、损伤、下沉或上拔现象,护基不应发生沉塌或被冲刷现象
17	导(地)线部分	导线、避雷线不应出现腐蚀、锈蚀现象
18		导线、避雷线应无断股、损伤或闪络烧伤,铝绞线、铝合金绞线断股截面不超过导线总面积的 7%。钢芯铝绞线、钢芯铝合金绞线断股损伤截面不超过铝股或合金股总面积 7%;松股程度不超过导线原直径 50%以上;钢芯铝绞线的钢芯断股损伤截面不超过铝股或合金股总面积 7%;一根导(地)线在同一挡距内不得出现 3 处及以上断股;7 股导(地)线中的任一股导线损伤深度不大于该股导线直径的 1/2;19 股以上导(地)线,某一处的损伤不超过 3 股
19		导线、避雷线三相弛度应一致,弛度误差应在设计值的±5%之间;一般挡距导线弛度相差不应超过 50mm
20		导线、避雷线不应出现上扬、舞动、掉线情况
21		导线连接器无发热现象,与运行环境中导线相对温升不超过 20~30℃
22		导线不应在线夹内滑动;线夹型号与导线型号应符合《电力金具手册》
23		绑扎线不应出现松动、断裂或脱落情况
24		跳线不应出现断股、歪扭变形情况
25		导线、避雷线上不应悬挂风筝及其他抛扔物

续表

序号	巡视内容	运 行 标 准
26	通道部分	1～10kV 配电线路通过林区应砍伐出通道，通道净宽度为导线边线向外侧水平延伸 5m，当采用绝缘导线时不应小于 3m
27		导线与山坡、峭壁、岩石地段之间的净空距离，在最大计算风偏情况下，不应小于有关规定
28		1～10kV：裸导线 1.5m，绝缘导线 0.75m（相邻建筑物无门窗或实墙）
29		1kV 以下：裸导线 1.0m，绝缘导线 0.2m（相邻建筑物无门窗或实墙）
30		电力线路与树林、竹林的交叉限距不应小于规定数值
31	金具铁附件	金属部件无磨损、裂纹、开焊情况
32		开口销及弹簧销无缺少、代用或脱出情况
33		金具锈蚀不应起皮和出现严重麻点，锈蚀表面积不宜超过 1/2
34		接续金具不应发生过热变色或有明显烧熔痕迹，线夹不应发生松脱损坏，连接螺栓不应发生松动，不应有外观鼓包、裂纹、烧伤、滑移或出口处断股
35		跳线连接处螺栓无松动，压板无温升，跳线对拉线或电杆的空气间隙应符合规定
36		压接管、补修管不应发生弯曲严重、开裂情况
37		防振锤、阻尼线不应发生位移、重锤脱落情况
38	交叉跨越部分	电力线相互交叉在导线最大弧垂时的交叉距离应不小于规定数值
39		1～10kV 线路与特殊管道交叉时，应避开管道的检查井或检查孔，同时，交叉处管道上所有金属部件应接地
40		电力线相互交叉在导线最大弧垂时的交叉距离应不小于规定数值
41		电力线与弱电线交叉距离与 0.4kV 低压线路规定，交叉角应符合规定
42		电力线路同杆架设横担间距离，应不小于规定数值
43	绝缘子	绝缘子、瓷横担应无裂纹，釉面剥落面积不应大于 100mm²，瓷横担线槽外端头釉面剥落面积不应大于 200mm²，绝缘子硬伤不应超过 50mm²，表面泄漏污秽长度不超过瓷裙长的 1/3，铁脚无弯曲，铁件无严重锈蚀
44		绝缘子与瓷横担应无脏污、瓷质裂纹、破碎，钢脚及钢帽无锈蚀、钢脚无弯曲
45		绝缘子与瓷横担应无闪络痕迹和局部火花放电现象，绝缘电阻不应小于 300MΩ
46		直线杆悬式绝缘子串在顺线路方向上偏斜不应大于 15°，瓷横担应无严重偏斜
47		绝缘子、瓷横担绑线松动，无断股、烧伤
48		金属部件无锈蚀、磨损、裂纹、开焊，不应出现开口销及弹簧销缺少，代用或脱出情况
49		针式绝缘子及瓷横担螺母不应掉落
50		合成绝缘子伞裙、护套不应出现破损或龟裂、表面烧灼现象
51		合成绝缘子各部件连接部分不应发生脱胶、龟裂、变形等现象
52		一串绝缘子中，零值或破损绝缘子不应超过 1 片
53		绝缘子盐密不应超标，爬距应满足要求

续表

序号	巡视内容	运 行 标 准
54	避雷器	避雷器裙边无破损、裂纹及放电现象
55		引线接头牢固，无断股现象，引下线接地良好，接地电阻不大于 4Ω
56	跌落式熔断器	瓷件不应有裂纹、闪络、破损及脏污，瓷裙损伤面积不得超过 100mm²
57		熔丝管不应有弯曲、变形
58		触头间接触良好，不应有过热变色、烧损、熔化现象
59		各部件的组装接触良好、不应有松动、脱落现象
60		安装牢固，相间距离宜大于 0.5m；跌落熔断器安装倾斜角不得超出 15°～30°
61		操动机构灵活，无锈蚀现象
62		熔断器的消弧管内径无扩大或受潮膨胀导致失效的情况
63		触头弹簧片的弹力无下降、退火、断裂等情况
64		熔断器熔丝管无松动现象，上下触头应在一条直线上
65		通过隔离开关和熔断器的最大负荷电流应小于其额定电流
66	柱上开关设备	柱上油开关本体无变形、渗漏、脏污及锈蚀现象，油位显示正常、油色透明且为淡黄色，无炭黑悬浮物，内部无异常声响，分闸储能位置正常，储能弹簧无裂纹，开口销完整
67		柱上真空开关本体无变形、脏污、锈蚀现象；内部无异常声响，分闸储能位置正常，储能弹簧无裂纹，开口销完整
68		柱上六氟化硫负荷开关本体无变形、脏污、锈蚀现象；无放电声、电晕及异常气味，六氟化硫负荷开关低气压闭锁装置未动作
69		套管无破损、裂纹、严重脏污和闪烙放电痕迹
70		支架无歪斜、松动
71		引线无断股、灼伤痕迹，引线接点接地电阻不大于 4Ω
72		操动机构无锈蚀、卡涩
73		外壳无锈蚀，相色编号标志正确且相色清晰
74		开关分、合位置指示正确、清晰，并与实际运行工况相符
75		通过开关的负荷电流应小于其额定电流
76	油浸式变压器	变压器本体：储油柜、连接管、套管、气体继电器、压力释放装置、有载（无励磁）调压装置、冷却系统、油箱、各种油阀等无渗漏油现象，密封垫绝缘状态小于 2 级；运行响声为"嗡嗡"声，本体及附件无锈蚀，油浸变压器本体温度≤90℃
77		变压器油：油色透明，呈微黄色，本体油位与油标显示温度标界相对应，参考油温标线为：−30、+20、+40℃，最大误差不宜超过±10℃，上层油温不应大于 85℃
78		吸湿器：吸湿器完好，无堵塞、无破损，吸附剂受潮比例不大于 2/3
79		套管：瓷质套管无裂纹、破损、放电现象
80		接地装置：中性点及外壳接地良好可靠，接地电阻不大于 4Ω
81		变压器防雷装置：避雷器裙边无破损、裂纹及放电现象，引线接头牢固，无断股现象，引下线接地良好，接地电阻不大于 4Ω
82		一、二次引线无松动，且绝缘完好，相间或对地距离符合规定；铭牌及标志完好

第二节　配电线路缺陷处理

架空配电线路的常见缺陷存在于导线、杆塔、横担金具、绝缘子、拉线、接地装置、线路通道等部位。

一、架空配电线路的常见缺陷

1. 导线的常见缺陷

（1）裸导线的常见缺陷：

1）导线断股、烧伤，化工和沿海地区导线腐蚀。

2）各相弧垂不一致，过紧或过松。

3）接头变色、烧熔、锈蚀，铜铝导线连接不使用过渡线夹（特别是低压中性线接头），并沟线夹弹簧垫圈不齐全，螺母未紧固。

4）引流线对相邻相及对地距离不符合要求（最大摆动时，10kV 对地不小于 200mm，线间不小于 300mm；低压对地不小于 100mm，线间不小于 150mm）。

（2）绝缘导线的常见缺陷：

1）绝缘线外皮有磨损、变形、龟裂等。

2）绝缘护罩扣合不紧密或有脱落现象。

3）各相弧垂不一致，过紧或过松。

4）引流线最大摆动时对地距离小于 200mm，线间小于 300mm。

5）沿线树枝剐蹭绝缘导线。

6）红外监测技术检查接头有发热现象。

2. 杆塔的常见缺陷

（1）杆塔倾斜（混凝土杆：转角杆、直线杆不应大于 15/1000，转角杆不应向内角倾斜，终端杆不应向导线侧倾斜，向拉线侧倾斜应不大于 10/1000，铁塔不发生歪曲、变形、锈蚀、螺栓松动。

（2）混凝土杆出现裂纹（不应有纵向裂纹，横向裂纹不应超过 1/3 周长，且裂纹宽度不应大于 0.5mm）、酥松、钢筋外露、焊接处开裂、锈蚀。

（3）基础损坏、下沉或上拔，周围土壤被挖掘或沉陷，寒冷地区电杆发生冻鼓现象。

（4）杆塔位置不合适，有被车撞的可能，或有被水淹、冲刷的可能，杆塔周围防洪设施损坏、坍塌。

（5）杆塔标志（杆号、相位警告牌等）不齐全、不明显。

（6）杆塔周围有杂草和蔓藤类植物附生，有危及安全的鸟巢、风筝及杂物。

3. 横担和金具的常见缺陷

（1）横担锈蚀（锈蚀面积超过 1/2）、歪斜（上下倾斜、左右偏歪不盛大于横担长度的 2%）、变形。

（2）金具锈蚀、变形；螺栓松动、缺帽；开口销锈蚀、断裂、脱落。

4. 绝缘子的常见缺陷

（1）绝缘子脏污，出现裂纹、闪络痕迹，表面硬伤超过 $1cm^2$，绑扎线松动或断落。

（2）绝缘子歪斜，紧固螺钉松动，铁脚、铁帽锈蚀、弯曲。

（3）合成绝缘子伞裙破裂、烧伤。

5. 拉线、顶（撑）杆、拉线柱的常见缺陷

（1）拉线锈蚀、松弛、断股和张力分配不均等。

（2）拉线绝缘子损坏或缺少。

（3）拉线、抱箍等金具变形、锈蚀。

（4）拉线固定不牢固，拉线基础周围土壤有突起、沉陷、缺土等现象。

（5）拉桩偏斜、损坏。

（6）水平拉线对地距离不符合要求。

（7）拉线警示套管缺失。

（8）拉线妨碍交通或被车碰撞。

（9）顶（撑）杆、拉线柱、保护桩等有损坏、开裂、腐朽等现象。

6. 防雷设施的常见缺陷

（1）避雷器绝缘裙有硬伤、老化、裂纹、脏污、闪络。

（2）避雷器的固定不牢固，有歪斜、松动现象。

（3）引线连接不牢固，上下压线开焊、脱落，接头锈蚀。

（4）引线与相邻相和杆塔构件的距离不符合规定。

（5）个别附件锈蚀，接地端焊接处开裂、脱落。

7. 接地装置的常见缺陷

（1）接地引下线断股、损伤、丢失。

（2）接头接触不好，线夹螺栓松动、锈蚀。

（3）接地引下线的保护管破损、丢失，固定不牢靠。

（4）接地体外露、严重腐蚀，在埋设范围内有威胁性土方工程。

8. 接户线的常见缺陷

（1）线间距离和对地、对建筑物等交叉跨越距离不符合规定。

（2）绝缘层老化、损坏。

（3）接头接触不好，有电化腐蚀现象。

（4）绝缘子破损、脱落。

（5）支持物不牢固，有腐朽、锈蚀、损坏等现象。

（6）弧垂不合适，有混线、烧伤现象。

9. 线路保护区常见缺陷

（1）线路上有搭落的树枝、金属丝、锡箔纸、塑料布、风筝等。

（2）线路周围堆放有易被风刮起的锡箔纸、塑料布、草垛等。

（3）沿线有易燃、易爆物品和腐蚀性液体、气体。

（4）有危及线路安全运行的建筑脚手架、吊车、树木、烟囱、天线、旗杆等。

（5）线路附近敷设管道、修桥筑路、挖沟修渠、平整土地、砍伐树木及在线路下方修房

栽树。

（6）线路附近有新建的污染源及打靶场、开石爆破等不安全现象。

（7）导线对其他电力线路、弱电线路的距离不符合规定。配电线路交叉跨越最小距离（最大弧垂时）见表 5-2。

表 5-2   配电线路交叉跨越最小距离（最大弧垂时）

跨越物	电压等级（kV）	距离（m）	备注
线路	10 及以下	2	绝缘导线与绝缘导线为 1m
	35～110	3	
	220	4	
	330	5	

（8）导线对地、道路、公路、铁路、管道、索道、河流、建筑物等距离不符合规定。导线对地面及跨越物的垂直距离（最大弧垂时）见表 5-3。

表 5-3   导线对地面及跨越物的垂直距离（最大弧垂时）

线路经过地区	垂直距离（m）	
	中压	低压
居民区	6.5	6.0
非居民区	5.5	5.0
交通困难地区	4.5	4.0
至公路、城市道路面	7.0	6.0
至铁路轨顶	7.5	
至有电车行车线的路面	9.0	
至河流最高水面	6.0	

（9）防护区内有植树、种竹情况及导线与树、竹间距离不符合规定，导线对房屋及树木的最小水平和垂直距离见表 5-4。

表 5-4   导线对房屋及树木的最小水平和垂直距离   单位：m

线路经过地	最大风偏时水平距离				最大弧垂时的垂直距离			
	裸导线		绝缘导线		裸导线		绝缘导线	
	中压	低压	中压	低压	中压	低压	中压	低压
房屋	1.5	1	0.75	0.2	3	2.5	2.5	2
树木	3	1	1	0.5	1.5	1	0.8	0.2

（10）线路附近有射击、放风筝、抛扔外物、飘洒金属和在杆塔、拉线上拴牲畜等。

（11）沿线发生江河泛滥、山洪和泥石流等异常现象。

（12）发现有违反《电力设施保护条例》的建筑。

二、线路巡视缺陷记录

线路巡视人员对发现的缺陷应认真做好记录，确保记录真实、准确、工整。巡视结束后，除立即向运行负责人汇报外，还应当立即填写线路运行巡视缺陷记录表，详细记录巡视日期、巡视人、发生缺陷的线路名称及杆号、缺陷具体内容，确定缺陷类别，并根据缺陷情况提出相应处理意见。运行负责人汇总所有巡视人员的记录后，根据轻重缓急，安排立即处理还是集中处理。

三、缺陷的分类

运行中的配电设施，凡不符合运行标准者，都称为设备缺陷。配电设施的缺陷按其严重程度，可分为一般缺陷、重大缺陷、紧急缺陷三类。

1. 一般缺陷

一般缺陷是指对近期安全运行影响不大的缺陷，可列入年度、季度检修计划或日常维护工作中去消除，如绝缘子轻微损伤、电杆轻度裂纹等。

2. 重大缺陷

重大缺陷是指缺陷比较严重，虽然已超过了运行标准，但是仍可短期继续安全运行的缺陷。这类缺陷应在短期内消除，消除前应加强监视，如绝缘子串闪络等。

3. 紧急缺陷

紧急缺陷是指严重程度已使设备不能继续安全运行，随时可能导致发生事故或危及人身安全的缺陷，必须尽快消除或采取必要的安全技术措施进行临时处理，如导线损伤面积超过总面积的 25%、绝缘子击穿等。

四、缺陷处理的时限

紧急缺陷严重威胁线路安全运行，应及时向上级领导汇报并立即安排消除；重大缺陷应采取防止缺陷扩大和造成事故的必要措施，应加强对缺陷变化情况的监视，消缺时限不得超过一周；一般缺陷列入月度检修计划中及时消除，处理不得超过三个月。即：紧急缺陷不过日，重大缺陷不过周，一般缺陷不过月。

五、缺陷管理

设备缺陷实行运行班组、分公司（分局、工区）、公司（局）三级进行管理。各级都要建立缺陷记录，内容包括发现的时间、缺陷内容、处理意见、处理结果，并注明是一般缺陷、重大缺陷还是紧急缺陷。按月对缺陷及消除情况进行统计，并经常对缺陷进行分析，研究缺陷发生、发展的规律，对制订预防事故的措施、改进运行维护工作提供真实依据。

1. 运行班组缺陷管理

巡线人员现场发现缺陷后，应详细地将线路名称、杆号、缺陷部位、缺陷内容、缺陷种类及建议处理方法等事项填入巡视工作票。巡视工作票一式两份，自存一份，另一份交班（站）长，同时巡视人员还应将缺陷登记在缺陷记录本上。班（站）长接到巡线人员填好的巡视工作票后，要对巡视工作票上各项内容进行审核，并签署意见，如认为缺陷不清楚或缺陷比较复杂，可组织有关人员会同巡线人员共同到现场核查和鉴定，并迅速安排处理。班（站）能处理的缺陷，班（站）按月将缺陷消除情况填入消缺记录上报分公司（分局、工区）。缺陷消除后巡线人员应立即将消缺时间、消缺人员名字等记入缺陷记录本和检修记录本上。

2. 分公司（分局、工区）缺陷管理

班（站）不能确定的缺陷和不能处理的重大缺陷要上报分公司（分局、工区），分公司（分局、工区）根据实际情况迅速对班站不能鉴定的设备缺陷做出判断，对班站不能处理的重大缺陷研究处理方法并及时安排消缺。

3. 公司（局）缺陷管理

分公司（分局、工区）不能处理的缺陷应立即上报公司（局）生产技术部门，生产技术部门接报后应会同有关单位共同到现场核查和鉴定，并组织对缺陷进行消除。对于对安全运行影响不大、一段时期内无法消除或需要花较大代价来消除的缺陷，可作为永久性缺陷记录在案，在年度大修技改中列资予以消除。

六、常见缺陷的处理（见表5-5）

表5-5　　　　　　　　　　　架空配电线路常见缺陷的处理

线路元件	缺陷名称	处理办法
导线	导线断股、烧伤，化工和沿海地区导线腐蚀	导线在同一处损伤导致强度损失5%、截面积占导电部分总截面7%以下时，根据损伤情况，可采用砂纸磨光、同金属单股线缠绕，或用修补预绞丝、修补管修补；超过时须将损伤部分裁去，重新以接续管或预绞接续丝连接
	各相弧垂不一致，弧垂误差超过设计值的±5%，一般挡距导线弧垂相差超过50mm	停电调整弧垂
	接头变色、烧熔、锈蚀，铜铝导线连接不使用过渡线夹（特别是低压中性线接头），并沟线夹弹簧垫圈不齐全，螺母没有紧固	更换铜铝过渡线夹，紧固螺钉
	引流线对相邻相及对地距离不符合要求（最大摆动时，10kV对地不小于200mm，线间不小于300mm；低压对地不小于100mm，线间不小于150mm）	停电调整，必要时增加跳线支撑
	绝缘线外皮有磨损、变形、龟裂	绝缘层损伤深度在绝缘层厚度的10%及以上时应进行绝缘修补。也可用绝缘护罩将绝缘层损伤部位罩好，并将开口部位用绝缘自黏带缠绕封住。一个挡距内，单根绝缘线绝缘层的损伤修补不宜超过3处
	绝缘护罩扣合不紧密或脱落	利用综合停电检修（或带点作业）进行加固或补充
	沿线树枝剐蹭绝缘导线	砍剪树木
	红外检测技术检查接头发热	利用综合停电检修（或带电作业）对接头进行紧固处理
杆塔	杆塔倾斜，铁塔构件发生弯曲、变形、锈蚀；螺栓松动；混凝土杆出现裂纹、酥松、钢筋外露；焊接处开裂、锈蚀	校正杆塔；更换构件；紧固螺栓；更换混凝土电杆；对焊接口进行防锈处理并补强
	基础损坏、下沉或上拔，周围土壤被挖掘或沉陷；寒冷地区电杆发生冻鼓现象	加固基础；对电杆进行补强或者更换

续表

线路元件	缺 陷 名 称	处 理 办 法
杆塔	杆塔位置不合适，有被车撞的可能，或有被水淹、冲刷的可能，杆塔周围防洪设施损坏、坍塌	将杆塔顺线路迁移到安全地带；对防洪设施进行修复、加固
	杆塔标志（杆号、相位警告牌等）不齐全、明显	补充、更换（刷新）
	杆塔周围有杂草和蔓藤类植物附生。有危及安全的鸟巢、风筝及杂物	清除
横担	横担锈蚀、歪斜、变形	校正或更换
金具	金具锈蚀、变形；螺栓松动、缺帽；开口销锈蚀、断裂、脱落	更换金具；紧固螺栓，补充螺母；更换、补充开口销
绝缘子	绝缘子脏污，出线裂纹、闪络痕迹，表面硬伤超过1cm²，扎线松动或脱落	清扫绝缘子；不符合规定的予以更换；扎线重新固定或者更换
	绝缘子斜歪，紧固螺钉松动，铁脚、铁帽锈蚀、弯曲	紧固螺栓；锈蚀、弯曲严重的进行更换
	合成绝缘子伞裙破裂、烧伤	更换
拉线、顶（撑）杆、拉线柱	拉线锈蚀、松弛、断股和张力分配不均等现象	调整或者更换
拉线、顶（撑）杆、拉线柱	拉线绝缘子损坏或缺少	更换或补加
	拉线、抱箍等金具变形、锈蚀	更换
	拉线固定不牢固，拉线基础周围土壤有突起、沉陷、缺土等现象	培土、加固
	拉桩偏斜、损坏	校正或更换
	水平拉线对地距离不符合要求	更换、加高电杆和拉线桩，或电杆移位
	拉线警示管缺失	更换、补充拉线警示管
	拉线妨碍交通或被车碰撞	迁移拉线或电杆，或更换电杆为承力电车杆
	顶（撑）杆、拉线柱、保护桩等有损坏、开裂、腐朽等现象	更换处理
防雷设施	避雷器绝缘裙有硬伤、老化、裂纹、脏污、闪络	更换或清洗
	避雷器的固定不牢固，有歪斜、松动现象	进行紧固处理
	引线连接不牢固，上下压线开焊、脱落、接头锈蚀	紧固、除锈、重新焊接
	引线与相邻和杆塔构件的距离不符合规定	进行处理或增加支撑绝缘子
	个别附件锈蚀，接地端焊接处开裂、脱落	紧固、除锈、重新焊接
接地装置	接地引下线断股、损伤、丢失	更换、补加
	接头接触不好，线夹螺栓松动、锈蚀	除锈、紧固
	接地引下线的保护管破损、丢失、固定不牢靠	补加、加固
	接地体外露、严重腐蚀，在埋设范围内有土方工程	重新敷设，并埋深至规定深度
接户线	线间距离和对地、对建筑物交叉差跨越距离不符合要求规定	调整弧垂、更换电杆、更改线路走径
	绝缘层老化、损坏	更换
	接头接触不好，有电化腐蚀现象	解开做防腐处理后重新连接
	绝缘子破损、脱落	更换或紧固

续表

线路元件	缺 陷 名 称	处 理 办 法
接户线	支持物不牢固,有腐朽、锈蚀、损坏等现象	加固或更换
	弧垂不合适,有混线、烧伤现象	调整弧垂或更换横担,增加线间距
线路保护区	线路上有搭落的树枝、金属丝、锡箔纸、塑料布、风筝等	停电或带电作业去除
	线路周围有堆放易被风刮起的锡箔纸、塑料布、草垛等	进行清理,或采取有效措施予以防范
	沿线有易燃、易爆物品和腐蚀性液体、气体	加强《电力设施保护条例》宣传,要求其采取有效措施进行防范
	有危及线路安全运行的建筑脚手架、吊车、树木、烟囱、天线、旗杆等	进行《电力设施保护条例》宣传,要求其采取有效措施,必要时予以拆除
	线路附近敷设管道、修桥筑路、挖沟修渠、平整土地、砍伐树木及在线路下方修房栽树、堆放土石等	加强巡视、监管和《电力设施保护条例》的宣传,线路下方修房栽树、堆放土石的行为要坚决制止和清理
	线路附近新建有的化工厂、农药厂、电石厂等污染源及打靶场、开石爆破等不安全现象	加强巡视,加大宣传,建议对方采取措施尽量减小污染和不安全因素。根据情况更换为耐腐蚀的导线、金具、绝缘子
	导线对其他电力线路、弱电线路的距离不符合要求	更换电杆,调整距离
	导线对地、道路、公路、铁路、管道、索道、河流、建筑物等距离不符合规定	更换、加高电杆
线路保护区	防护区内有植树、种竹情况,导线与树、竹间距离不符合规定	砍剪
	线路附近有放风筝、抛扔外物、飘洒金属和在杆塔、拉线上拴畜生等	劝阻、清理,加大宣传教育
	沿线发生江河泛滥、山洪和泥石流等异常现象	严密监视,必要时更改线路路径
	发现有违反《电力设施保护条例》的建筑	立即劝阻,并报告当地政府安全监管部门,予以拆除、清理

第三节 配电开关设备运行维护

一、柱上断路器的常见缺陷

1. 本体缺陷

(1) 瓷件受损;

(2) 外壳锈蚀;

(3) 套管破损、破裂;

(4) 分合位置指示不正确;

(5) 断路器灭弧室断口工频耐压值下降;

(6) 真空度下降;

（7）SF_6气体泄漏；

（8）SF_6气体压力不正常。

2. 操动机构缺陷

（1）操动机构传输不灵活，分合不到位；

（2）操动机构拒合；

（3）操动机构拒分。

3. 附件故障

（1）连接部分过热；

（2）底座、支架松动；

（3）引线接头连接不牢；

（4）接地引下线破损、接地电阻不合格；

（5）线间和对地距离不足；

（6）标志牌掉落。

二、柱上断路器的常见缺陷处理（见表5-6）

表5-6　　　　　　　　　　　　柱上断路器常见缺陷处理原则和方法

序号	缺陷描述	缺陷处理原则和方法
1	套管破损、裂纹	发现后及时更换
2	10kV柱上SF_6断路器SF_6气压不正常	根据压力表或密度继电器检测气体泄漏，SF_6充气压力一般为0.04～0.1MPa，用SF_6气体作为绝缘和防凝露介质的开关，年漏气率应不大于3%
3	真空断路器真空度下降	真空管内的真空度应保持1×10^{-8}～1.33×10^{-3}Pa范围内。 （1）根据观察颜色（真空度降低则变为橙红色）及停电进行耐压试验鉴别是否下降； （2）真空度下降的原因：主要有材料气密情况不良；波纹管密封质量不良；断路器或开关调试后冲击力过大
4	断路器拒分、拒合	检查电器回路有无断线、短路等现象； 检查机械回路有无卡塞； 检查辅助开关是否正确转换
5	断路器分、合闸不到位	检查辅助开关转换正确性； 检查分闸或合闸弹簧是否损伤； 检查操动机构中其他连板及构件是否处于正确对应状态
6	断路器干式电流互感器故障	停电后进行常规试验； 进行局部放电测量，在1.1倍相电压的局部放电量应不大于10pC
7	接地引下线破损、接地电阻不合格	停电后进行修复，对接地电阻不合格者应重新外引接地体
8	断路器或开关支架有脱落现象	应作为紧急缺陷停电处理
9	操动机构不灵活、锈蚀	添加润滑剂
10	柱上断路器引接线接头发热	通过红外线检测实际温度，然后再判断处理

第四节　配电变压器及附件运行维护

一、变压器的运行巡视

变压器应在每次定期检查时记录其电压、电流和顶层油温，以及曾达到的最高顶层油温等，变压器应在最大负载期间测量三相电流，并设法保持基本平衡。对有远方监测装置的变压器，应经常监视仪表的指示，及时掌握变压器运行情况。

变压器的巡视周期为：

（1）每月至少一次，每季至少进行一次夜间巡视。

（2）特殊情况下应增加巡视次数。

在下列情况下应对变压器进行特殊巡视检查，增加巡视检查次数：

（1）新设备或经过检修、改造的变压器在投运 72h 内。

（2）有严重缺陷时。

（3）气象突变（如大风、大雾、大雷、冰雹、寒潮等）时。

（4）雷雨季节特别是雷雨后。

（5）高温季节、高峰负载期间。

（6）节假日、重大活动期间。

（7）变压器急救负载运行时。

变压器巡视检查一般应包括以下内容：

（1）变压器的油温和温度计应正常，变压器油位、油色应正常，各部位无渗油、漏油。

（2）套管外部无破损裂纹、无严重油污、无放电痕迹及其他异常现象。

（3）变压器音响正常，外壳及箱沿应无异常过热。

（4）气体继电器内应无气体，吸湿器完好，吸附剂干燥无变色。

（5）引线接头、电缆、母线应无过热迹象。

（6）压力释放器或安全气道及防爆膜应完好无损。

（7）有载分接开关的分接位置及电源指示应正常。

（8）各控制箱和二次端子箱应关严，无受潮；各种保护装置应齐全、良好。

（9）变压器外壳接地良好。

（10）各种标志应齐全明显，消防设施应齐全完好。

（11）室（洞）内变压器通风设备应完好，贮油池和排油设施应保持良好状态。

（12）变压器室的门、窗、照明应完好，房屋不漏水，温度正常。

（13）干式变压器的外部表面应无积污、裂纹及放电现象。

（14）现场规程中根据变压器的结构特点补充检查的其他项目。

二、配电变压器的常见缺陷

（1）严重漏油或喷油，使油面下降到低于油位计的指示限度；

（2）变压器温度油温过高，并不断上升；

（3）变压器冒烟着火；

（4）变压器附近有焦糊味，变压器油色异常；

（5）油色变化很大，油内出现碳粒变黑；

（6）套管有严重的破损和放电现象；

（7）变压器声响明显增大，内部有爆裂声；

（8）内部接触不良，或有击穿的地方，变压器内发出放电声；

（9）变压器发出"咕嘟"声音，可能绕组有匝间短路；

（10）变压器除发出"嗡嗡"声音有变化，并有较强噪声；

（11）铁磁谐振，使变压器发出粗、细不均的噪声；

（12）变压器储油柜的油标指示不清；

（13）变压器台架有倾斜，各构件有腐蚀掉落现象，变压器台架高度不符合规定；

（14）室内或台上、柱上的配电变压器应编号并悬挂警告牌，各种标志牌缺失不齐；

（15）变压器台上的其他设备（如表箱、开关等）虽完好，单台架周围杂草丛生、杂物堆积，有生长较高的农作物、树、竹、蔓藤类植物接近带电体；

（16）变压器各侧引线接头接触不良，有过热变色现象，高、低压引线长度不适当；

（17）冷却装置的散热器、压力释放阀、无载分接开关、套管、箱体渗油；

（18）变压器接地装置损害、接地电阻过大；

（19）测温装置指示不清；

（20）检查变压器密封圈龟裂程度，判断密封圈老化情况，特别严重时应更换；

（21）变压器台架和本体外壳铁件锈蚀严重时要做防腐处理。

三、配电变压器常见缺陷处理（见表5-7）

表5-7　　　　　　　　　　配电变压器常见缺陷处理原则和方法

序号	缺陷现象	故障原因	处理方法
1	变压器过热	铁芯间绝缘或穿心螺栓绝缘损坏，产生涡流；绕组匝间或层间短路	吊芯处理绝缘；找出短路点处理绝缘或换绕组
2	油温突然升高	过负荷；接线松动；绕组内部短路	减小负荷；吊芯检查接头并紧固；检查内部短路点并处理
3	声音异常	声音沉重，说明过负荷或有大容量设备启动；声音尖锐有爆裂声，说明过电压，有绝缘击穿，内部接触不良；声音乱而嘈杂，说明内部结构或铁芯松动	增大变压器容量或改变大容量设备启动方式；检查电源，检查绝缘击穿原因并处理；检查内部结构或紧固穿心螺栓
4	油色变化显著，油面过低	油质变坏；油箱漏油；油温过高	处理油或换油；修补油箱并补油；减少负荷
5	三相电压不平衡	三相负荷不平衡；绕组局部短路	调整负荷平衡；检查短路点并排除

续表

序号	缺陷现象	故障原因	处理方法
6	绕组绝缘老化	经常过负荷； 超过使用年限	更换绕组或换大容量变压器；更换变压器
7	绝缘下降	变压器受潮； 油质变坏	干燥处理； 取油样试验并处理或更换新油
8	油面上升或下降	油温过高； 渗漏油	减少负荷； 检查渗漏油位置并处理
9	漏油	接线端子接触不良、过热，密封垫老化； 油箱有砂眼； 螺栓松动	更换密封垫； 将砂眼焊死； 紧固螺栓
10	高压熔断器熔断	内部短路； 外部故障； 过负荷	停止运行，排除故障； 消除外部短路点； 减少负荷
11	变压器着火	铁芯及穿心螺栓绝缘损坏； 绕组层间短路； 严重过负荷	吊芯修理，并涂绝缘漆； 处理短路或换绕组； 减少负荷
12	分接开关放电	开关触头压力小； 开关接触不良； 开关烧坏； 绝缘性能降低	更换或调整弹簧，增大压力； 消除氧化膜及油污； 修理或更换触头； 清洁开关，进行绝缘处理

第六章

架空配电线路检修和事故处理

第一节　检修和事故处理工作的组织

架空线路的检修从性质上可分为一般性检修、定期停电清扫检查和大修改进三种类型。对架空线路各组成部分，各类检查周期是不同的，所以检修和事故处理工作的组织可分述如下：

（1）架空电力线路的地下隐蔽设施应定期进行检查，其周期规定为：

1）拉线底把每5年检查一次。

2）接地极应根据运行情况确定检查周期，一般每5～10年检查一次。

（2）架空线路的检修周期为：

1）一般性维护，应根据存在缺陷内容进行不定期检修。

2）清扫检查周期，应根据周围环境及运行情况来确定。一般情况下，每年两次，即2月和11月各登杆清扫检查一次。

3）大修改进，应根据架空线路的完好情况、电气及机械性能是否符合有关规定来确定。

4）杆塔的铁制部件，每5年涂刷防锈漆一次，镀锌者除外。

第二节　线路的基本检修工作

一、一般性检修项目

架空线路的一般性检修项目包括下列内容：

（1）线路名称及杆号的标志不清楚时，应进行重新描写或换牌；

（2）钢筋混凝土电杆有露筋或混凝土脱落者，应将钢筋上的铁锈清除掉后补抹混凝土。

（3）杆身倾斜角度大于规定的应正杆；

（4）拉线松弛应紧好；

（5）修复损坏的接地引下线；

（6）线路走廊内的树木与导线之间的距离小于规定者，应进行去树处理。

二、停电清扫检查内容

处理巡视中发现的缺陷：

（1）绝缘子：清除绝缘子上的尘污，检查有无裂纹、损伤、闪络痕迹，瓶角有无弯曲变形，活动者应予以更换；绝缘电阻低于规定值者也要更换；检查绝缘子在横担上的固定是否牢固、金具零件是否完好；检查绝缘子与导线之间的固定是否牢固，连接有无松动磨损。

（2）导线：检查导线连接处接触是否良好；调整弧垂及交叉跨越距离到规定值。

（3）电杆：检查电杆有无破损歪斜；检查拉线有无松弛、断股，基础是否牢固等。

（4）杆上油断路器：摇测杆上油断路器、隔离开关的绝缘电阻值，并检查油断路器油面位置是否正常。

三、户外柱上变压器的检查与修理

1. 检查项目

（1）检查柱上变压器的电杆是否倾斜，根部有无腐蚀现象；

（2）安放变压器的架子和横担有无严重锈蚀，触头接触是否良好，引线接头有无过热变色；

（3）高压跌落式熔断器是否在正常工作位置，接线是否牢固，接地线是否完好；

（4）高压避雷器的引线是否良好，接线是否牢固，接地线是否完好；

（5）各种绝缘子有无断裂现象；

（6）检查弓子线与接地金属件间的距离 10kV 应大于 20cm。

2. 修理内容

（1）金属构架如有严重锈蚀需更换；

（2）跌落式熔断器触头接触不良，应进行调整、修理；

（3）电杆有损伤则需更换电杆；

（4）定期停电清洗绝缘子。

第三节　检修和事故处理的安全措施

在进行线路的检修和事故处理时，必须首先保证安全，采取恰当的安全措施。

一、安全用具及安全距离

1. 绝缘安全用具的分类

（1）基本绝缘安全用具：指安全用具的绝缘强度能长期承受工作电压，并且在该电压等级的系统内产生过电压时，安全用具能确保操作人员的人身安全的绝缘用具。

1）高压基本绝缘安全用具：主要有绝缘棒和带绝缘棒的操作用具、高压验电器、绝缘夹钳。

2）低压基本绝缘安全用具：主要有带绝缘柄的工具、低压试电笔、绝缘手套。

基本安全用具，可直接与带电导体接触，对于直接接触带电导体的操作应使用基本安全用具。

（2）辅助绝缘安全用具：辅助绝缘安全用具系指其绝缘强度不能长期承受电气设备或线

路的工作电压，或不能抵御系统中产生过电压对操作人员人身安全侵害的绝缘用具。辅助绝缘安全用具是配合基本安全用具使用的，只能强化基本绝缘安全用具的保护作用，防止接触电压、跨步电压以及电弧灼伤对操作人员的伤害。

辅助绝缘安全用具不能直接接触高压设备的带电导体。

1）高压辅助绝缘安全用具：主要有高压绝缘手套、绝缘靴、绝缘鞋、绝缘垫和绝缘台等。

2）低压辅助绝缘安全用具：主要有绝缘鞋、绝缘靴、绝缘垫、绝缘毯等。

（3）一般防护安全用具：主要有携带型临时接地线、临时遮栏、标示牌、警告牌、防护眼镜和安全带等。

2. 安全用具的正确使用

在使用安全用具时，应对安全用具进行详细的检查，首先应检查是否经试验合格、试验期有效和符合安全用具的要求。

（1）绝缘棒及带有绝缘棒的安全用具，由工作部分、握手部分和绝缘部分构成。工作部分长度一般为 5～8cm。绝缘部分与握手部分用防护罩隔离开，绝缘部分的长度不包括金属部分。绝缘棒的最小长度见表 6-1。

表 6-1　　　　　　　　　　　绝 缘 棒 的 最 小 长 度　　　　　　　　　单位：m

工作电压	户内使用		户外使用	
	绝缘部分	握手部分	绝缘部分	握手部分
10kV 及以下	0.7	0.3	1.1	0.4
35kV 及以下	1.1	0.4	1.4	0.6

高压设备的操作还应同时使用辅助安全用具，例如绝缘手套和绝缘靴等。

（2）高压验电器的安全使用：高压验电器使用前必须进行认真检查，主要检查外观有无损伤、划痕、裂纹等，在验电前进行发光和声响检查。一般先在电压等级相同的带电设备上验明验电器的发光和声响正常之后，立即在验电设备上进行验电。同样在使用高压验电器时，也应配备适合的辅助绝缘安全用具同时使用。

使用低压验电器验电时，应将持有验电器的手指触及验电器尾端的金属部分，用验电器首端的金属部分触及带电体，验电器的氖管发光证明有电。验电器发光的线路为相线，不发光的为中性线。

3. 安全用具的保管

（1）应存放在干燥、通风处所。

（2）绝缘杆应悬挂在支架上，不应与墙面接触。

（3）绝缘手套应存放在密闭橱内，并与其他工具、仪器分别存放。

（4）绝缘靴应存放在橱内，不准代替雨鞋使用。

（5）试电笔应存放在防潮的匣内，并放在干燥的地方。

（6）所有安全用具不准代替其他工具使用。

4. 安全距离

无论是全部停电、部分停电和带电工作，掌握工作人员与带电体安全距离的规定是十分必要的。

工作人员工作中正常活动范围与带电设备的安全距离规定如表6-2所示。

表6-2　　　　　　　　　　　　　　人体与带电体安全距离

电压（kV）	10 以下	35	60	110	154	220	330	500
安全距离（m）	0.4	0.6	0.7	1.0	1.4	1.8	2.6	3.6

二、保证检修和事故处理安全的组织措施

在全部停电和部分停电的电气设备上工作，必须实行下列组织措施：

（1）现场勘察制度；

（2）工作票制度；

（3）操作票制度；

（4）检查及交底制度；

（5）工作许可制度；

（6）工作监护制度；

（7）工作间断制度；

（8）工作结束及恢复送电制度。

三、保证检修和事故处理安全的技术措施

（1）停电。

（2）验电。

（3）装设接地线。

（4）使用个人保安线。

（5）悬挂标示牌和装设遮栏。

四、低压带电检修安全要求

1. 基本安全要求

低压带电作业是农村电工经常作业的一种方式，因此在低压线路和电气设备的作业应设专人监护。使用有绝缘柄的工具，其外裸的导电部分应采取绝缘措施，防止操作时相间或相对地短路。工作时，应穿绝缘鞋和工作服，并戴手套、安全帽，站在干燥的绝缘物体上。严禁使用锉刀、金属尺和带有金属物的毛刷、毛掸等工具。

2. 工作时的安全要求

高低压同杆架设，在低压带电线路上工作时，应先检查与高压线的距离，采取防止误碰带电高压设备和线路的措施。在低压带电线路未采取绝缘措施时，工作人员不得穿越。在带电的低压配电装置上工作时，应采取防止相间短路和单相接地的绝缘隔离措施。

3. 上杆前的检查

上杆前应检查杆塔和拉线的基础是否牢固，拉线是否生锈腐烂，然后应先分清相线、中性线，选好工作位置。断开导线时，应先断开相线，后断开中性线。搭接导线时，顺序应相反。特别注意人体不得同时接触两根线头。

第四节 配电线路故障查找

一、10kV 线路故障分类

1. 速断

故障范围在线路上端，由三相短路或两相短路造成。

主要原因有线路充油设备（如油断路器、电力电容器、变压器等）短路、喷油，春季鸟巢危害、雨季雷电、暴风雨的影响，电杆拉线被盗破坏、伐树砸住导线等自然灾害或人为因素。

2. 过流

故障范围在线路下端，由用电负荷突然性增高，超出了线路保护的整定值或三相短路或两相短路造成。原因基本同上。速断、过流由于故障范围较小，故障原因清晰，所以查找起来比较容易。

3. 接地

全线路范围内均可发生此类故障，基本上可分为永久性接地和瞬时性接地两种。主要原因有断线、绝缘子击穿、线下树木等原因导致多点泄漏。接地故障由于范围较大，故障原因不明显，有时必须借助仪表仪器才能确定故障原因。

二、根据保护动作特点判断线路故障性质和地段

一般情况下，线路跳闸重合成功，说明瞬时性故障，可能是鸟害、雷击、大风等引起；重合不成功，说明永久性故障，如倒杆断线、混线等。

如果是电流速断跳闸，故障点一般在线路的前段；如果是过电流跳闸，故障点一般在线路的后段。

如果是过电流和速断保护同时跳闸，故障点一般在线路的中段。

在事故巡线时，除重点巡查大致的故障范围外，其他地段也要巡查，以免遗漏故障点，延长事故处理时间。

三、10kV 线路接地故障及处理

线路一相的一点对地绝缘性能丧失，该相电流经过此点流入大地，这就叫单相接地。农村 10kV 电网接地故障约占 70%。单相接地是电气故障中出现最多的故障，它的危害主要在于使三相平衡系统受到破坏，非故障相的电压升高，很可能会引起非故障相绝缘的破坏。

10kV 系统为中性点不接地系统。线路接地状态分析如下。

（1）一相对地电压接近零值，另两相对地电压升高 $\sqrt{3}$ 倍，这是金属性接地。

1）若在雷雨季节发生，可能是绝缘子被雷击穿，或导线被击断，电源侧落在比较潮湿的地面上引起的。

2）若在大风天气发生此类接地，可能是金属物被风刮到高压带电体上，或变压器、避雷器、开关等引线刮断形成接地引起的。

3）如果在良好的天气发生，可能是外力破坏，如扔金属物、车撞断电杆等引起的，或高压电缆击穿等引起的。

（2）一相对地电压降低，但不是零值，另两相对地电压升高，但没升高到 $\sqrt{3}$ 倍，这属于非金属性接地。

1）若在雷雨季节发生，可能是导线被击断，电源侧落在不太潮湿的地面上引起的，也可能是树枝搭在导线上与横担之间形成接地。

2）变压器高压绕组烧断后碰到外壳上或内层严重烧损主绝缘击穿而接地。

3）绝缘子绝缘电阻下降。

4）观察设备绝缘子有无破损，有无闪络放电现象，是否有外力破坏等因素。

（3）一相对地电压升高，另两相对地电压降低，这是非金属接地和高压断相的特征。

1）高压断线，负荷侧导线落在潮湿的地面上，没断线两相通过负载与接地导线相连构成非金属接地，故而对地电压降低，断线相对地电压反而升高。

2）高压断线未落地或落在导电性能不好的物体上，或线路上熔断器熔断一相，被断开地线路又较长，造成三相对地电容电流不平衡，促使两相对地电压也不平衡，断线相对地电容电流变小，对地电压相对升高，其他两相电压相对较低。

3）配电变压器烧损相绕组碰壳接地，高压熔丝又发生熔断，其他两相又通过绕组接地，所以，烧损相对地电压升高，另两相对地电压降低。

（4）三相对地电压数值不断变化，最后达到一稳定值或一相降低另两相升高，或一相升高另两相降低。

1）这是配电变压器烧损后又接地的典型特征。

某相绕组烧损而接地初期，该相对地电压降低，另两相对地电压升高，当烧损严重后，致使该相熔丝熔断或两相熔断，虽然切断故障电流，但未断相通过绕组而接地，又演变成一相对地电压降低，另两相对地电压升高。

2）平时就存在绝缘缺陷的绝缘子，首先发生放电，最后击穿。

（5）一相对地电压为零值，另两相对地电压升高 $\sqrt{3}$ 倍，但很不稳定，时断时续，这是金属性瞬间接地的特征。

1）扔在高压带电体上的金属物及已折断变压器、避雷器、开关引线，接触不牢固，时而接触时而断开形成瞬间接地。

2）高压套管脏污或有缺陷发生闪络放电接地，放电电弧是断续的，形成瞬间接地。

四、线路接地故障的查找方法

（1）人工巡线法。有经验人员首先分析线路的基本情况，包括线路环境（有无树）、历史运行情况（原先经常接地），判断可能接地点。

（2）分段选线法。如果线路上有分支开关，为尽快查找故障点，可用分断分支开关的办法缩小接地故障范围。由于绝缘子击穿形成隐形故障，查找起来比较困难，可通过测量绝缘电阻来排除。

（3）用钳型电流表查找电缆接地故障。

（4）用接地故障测试仪查找故障接地。

五、10kV 架空线路短路故障原因及查找

1. 线路短路故障

线路短路故障包括线路瞬时性短路故障（一般是断路器重合闸成功）和线路永久性短路故障（一般是断路器重合闸不成功）。

常见故障有：线路金属性短路故障；线路引跳线断线弧光短路故障；跌落式熔断器、隔离开关弧光短路故障；小动物短路故障；雷电闪络短路故障等。

2. 短路故障形成原因

（1）线路金属性短路故障有：

1）外力破坏造成故障，架空线或杆上设备（变压器、开关）被外抛物短路或外力刮碰短路；汽车撞杆造成倒杆、断线；台风、洪水引起倒杆、断线。

2）线路缺陷造成故障，弧垂过大遇台风时引起碰线或短路时产生的电动力引起碰线。

（2）线路引跳线断线弧光短路故障有：

1）线路老化强度不足引起断线；

2）线路过载接头接触不良引起跳线线夹烧毁断线。

（3）跌落式熔断器、隔离开关弧光短路故障有：

1）跌落式熔断器熔断件熔断引起熔管爆炸或拉弧引起相间弧光短路；

2）线路老化或过载引起隔离开关线夹损坏烧断拉弧造成相间短路。

（4）小动物短路故障有：

1）台墩式配电变压器上，跌落式熔断器至变压器的高压引下线采用裸导线，变压器高压接线柱及高压避雷器未加装绝缘防护罩；

2）高压配电柜母线上，母线未作绝缘化处理，高压配电室防鼠不严；

3）高压电缆分支箱内，母线未作绝缘化处理，电缆分支箱有漏洞。

（5）雷击过电压。

3. 短路故障查找

故障查找的总原则是：先主干线，后分支线。对经巡查没有发现故障的线路，可以在断开分支线断路器后，先试送电，尔后逐级查找恢复没有故障的其他线路。

一条 10kV 线路主干线及各分支线一般都装设柱上断路器保护，按理论上来讲，如果各级开关时限整定配合得很好，那么故障段就很容易判断查找。

在发生变电站断路器跳闸的时候，首先应查看主干线柱上分段断路器及各分支线柱上断路器是否跳闸，尔后对跳闸后的线路，对照上面讲过的可能发生的各种故障进行逐级查找，直到查出故障点。另外，对装有线路短路故障指示器的架空线，还可借助故障指示器的指示来确定故障段线路。还有一点那就是当查出故障点后，即认为只要对故障点进行抢修后，线

路就可以恢复供电，而中止了线路巡查，这样是非常错误的。因为当线路发生短路故障时，短路电流还要流经故障点上面的线路，所以对线路中的薄弱环节，如线路分段点、断路器 T 接点、引跳线，会造成冲击而引起断线，所以还应对有短路电流通过的线路全面认真巡查一遍。

六、低压线路的常见故障及排除

1. 配电变压器高压侧熔断器熔断故障

配电变压器高压侧熔断器发生熔断故障时，配电变压器低压侧 a 相电压为零，其余两相 b、c 相的电压为原电压的 0.866 倍，大约为 190V。表现在电灯负载上，a 相电灯熄灭，b、c 两相电灯亮度比正常时较暗（日光灯可能不能启动）。

事实上，受配电变压器铁芯中不平衡磁通的影响，配电变压器低压侧 a 相绕组会感应出电压，其大小取决于穿过 a 相绕组磁通的大小。这个电压在一定条件下（如 b、c 两相负荷很不相等，a 相负荷很小等），可能电灯灯丝发红（微红），肉眼可见。普能 220V 白炽灯两端施加大于 15V 的电压就可使灯丝微红。

可见，当配电变压器高压一相熔断器熔断，低压侧对应相的电灯微红或不亮（但有电压），其余两相电灯的亮度降低。推理：如果出现一相灯丝微红或不亮但有电压，其余两相变暗时，则可能是高压侧发生了一相熔断器熔断故障。

2. 配电变压器低压侧一相熔断器熔断故障

（1）带电灯负载。未熔断相电压正常，熔断相电压为零。

（2）带电灯和电动机负载（Y接）。

分析证明：当低压侧 a 相熔断器熔断时，a 相电灯所承受的电压取决于 a 相负载的大小，其两端电压总在 73～110V 之间变化，b、c 两相电压正常。

可见，在带电灯和电动机混合负载时，低压一相熔断器熔断后的主要特征是：未熔断相电压正常，熔断相电压严重不足，电灯亮度变暗；当把电动机退出运行，熔断相电灯立即熄灭。

3. 低压电网一相接地故障及查处

（1）在中性点直接接地的系统中：当这种故障发生后，剩余电流动作保护器等保护，应能迅速动作，将故障点切除。否则将容易造成触电事故或漏电及短路毁坏设备事故。

（2）在中性点不接地系统中：

1）受接地的影响，接地相对地电压为零，非接地相对地电压升高倍（即达 380V）。

2）中性线的对地电压升高为相电压（即达 220V）。

3）各相间的电压大小和相位仍然不变，三相系统的平衡没有遇到破坏，因此可以暂时运行。

这种故障发生后，也应及时切除，否则，再有一点接地发生，将造成短路事故。同时中性线上带有危险电压也是很危险的。

4. 中性点断线故障及预防

中性点断线故障发生后，有如下现象：

（1）中相线断线点前的用电负荷正常工作。

（2）当三相负荷完全平衡时，对断线点后的负荷也无影响，但实际上在三相四线电路中，这一点已不可能。

（3）当三相负荷不平衡时，就会产生中性点位移。三相负荷越不平衡，其中性点位移越大，造成负荷多的相，负荷实际承受的电压低于额定值；用电负荷小的相，负荷实际承受的电压高于额定值。

七、线路和用电设备故障及其处理方法

1. 线路和用电设备故障

（1）线路和用电设备绝缘差、泄漏大，使保护器误动作或不能投入。

（2）各相对地绝缘不平衡，造成各相泄漏也不平衡，出现了所谓灵敏与不灵敏相。若在不灵敏相上发出触电或作模拟触电试验时，剩余电流动作保护器可能拒动。

（3）中性线绝缘差或接地，与配电变压器中性点接地线形成分流作用，导致漏电保护灵敏度下降或拒动。

2. 处理方法

用 500V 绝缘电阻表对低压线路进行遥测，若对地绝缘较低甚至为零时，必须进行整改。整改重点为：

（1）对线路采取分路、分段或分户找出降低线路绝缘的薄弱点和接地点加以处理。

（2）把泄漏大的陈旧线路、照明线路、地埋线路平均分配到三相上，尽量保持泄漏平衡，减少零序电流。

（3）定期修剪接近线路的树枝，其间距应在 1m 以上。

（4）安装分路、分级剩余电流动作保护器缩小剩余电流动作保护器的保护范围，当局部出现问题时，不影响总网供电，且故障点易排除。

第七章

功率因数、线损、电能质量及供电可靠性

第一节 功率因数

一、功率因数的概念

电力系统中发电厂向用电企业输送的电能包括两部分：一部分是用来发光、发热、拖动机械等的功率叫有功功率；另一部分则是用来建立磁场，并为电能输送及保障有功功率转换所必不可少的交换功率叫无功功率。电网供应给用电企业的电能包括有功功率 P 和无功功率 Q，是同时存在的，这种同时存在的功率称之为视在功率 S，它们之间的关系式为

$$S = \sqrt{P^2 + Q^2}$$

而
$$\cos\varphi = P / S$$

有功功率与视在功率的比值叫做功率因数，用 $\cos\varphi$ 表示。

式中：φ 是感性负载接于交流电路时，电压与电流之间的相位差角。功率因数亦可称为交流电路中电压与电流之间相位差角的余弦。电网供电中，若用电企业负载的 $\cos\varphi$ 很小，则无功功率必将占用一定份额的视在功率，导致电脑利用率下降和电能损耗的增加。当用电企业负载性质发生变化时，也必将造成 $\cos\varphi$ 和运行电压的变化。为减少用电设备的电压降和功率损耗，用电企业则需积极自觉地实施无功补偿，以提高功率因数。

根据余弦函数可知：无论采用何种方法的无功补偿措施，其实质就是要减小电压与电流之间的相位差角 φ，使之达到提高功率因数、改善运行电压质量、降低电能损耗，从而使用电企业降低电力成本。

二、提高功率因数的意义

1. 充分利用供电设备的容量，使同样的供电设备为更多的用电设备供电

每个供电设备都有额定的容量，即视在功率 $S = UI$。供电设备输出的总功率 S 中，一部分为有功功率 $P = S\cos\varphi$，另一部分为无功功率 $Q = S\sin\varphi$。$\cos\varphi$ 越小，电路中的有功功率 $P = S\cos\varphi$ 就越小；提高 $\cos\varphi$ 的值，可使同等容量的供电设备向用户提供更多的功率，从而提高供电设备能量的利用率。

2. 减少供电线路上的电压降和能量损耗

我们知道，$P = IUS\cos\varphi$，$I = P / (U\cos\varphi)$，故用电设备的功率因数越低，则用电设备从电源吸取的电流就越大，输电线路上的电压降和功率损耗就越大；用电设备的功率因数越

高，则用电设备从电源吸取的电流就越小，输电线路上的电压降和功率损耗就越小。故提高功率因数，能减少供电线路上的电压降能量损耗。

三、提高功率因数的方法

由于有功功率为

$$P = IU \cos\varphi$$

当 U 和 I 为定值时，有功功率 P 与功率因数 $\cos\varphi$ 的大小成正比，即功率因数越高，输出的有功功率越大。同时，由有功功率计算式可推导出电流 $I = P(U\cos\varphi)$，当 U 和 P 一定时，电流 I 与 $\cos\varphi$ 成反比，即输出同样的有功功率情况下，功率因数越低，电流通过输电导线在电力线路上的功率损耗越大，这就意味着输电线路上传输电能的效率低。所以，改善功率因数对配电网经济运行有着积极的影响。

提高功率因数的方法可分为提高自然功率因数和采用人工补偿两种方法：

1. 提高自然功率因数的方法

（1）恰当选择电动机容量，减少电动机无功消耗，防止"大马拉小车"。

（2）对平均负荷小于其额定容量 40% 左右的轻载电动机，可将线圈改为三角形接法（或自动转换）。

（3）避免电机或设备空载运行。

（4）合理配置变压器，恰当地选择其容量。

（5）调整生产班次，均衡用电负荷，提高用电负荷率。

（6）改善配电线路布局，避免曲折迂回等。

2. 人工补偿法

实际中可使用电路电容器或调相机，一般多采用电力电容器补偿无功，即在感性负载上并联电容器。

在感性负载上并联电容器的方法可用电容器的无功功率来补偿感性负载的无功功率，从而减少甚至消除感性负载与电源之间原有的能量交换。在交流电路中，纯电阻电路，负载中的电流与电压同相位，纯电感负载中的电流滞后于电压 90°，而纯电容的电流则超前于电压 90°，电容中的电流与电感中的电流相差 180°，能相互抵消。

电力系统中的负载大部分是感性的，因此总电流将滞后电压一个角度，将并联电容器与负载并联，则电容器的电流将抵消一部分电感电流，从而使总电流减小，功率因数将提高。

并联电容器的补偿方法可分为：

（1）个别补偿。即在用电设备附近按其本身无功功率的需要量装设电容器组，与用电设备同时投入运行和断开，也就是在实际中将电容器直接接在用电设备附近。适用于低压网络，优点是补偿效果好，缺点是电容器利用率低。

（2）分组补偿。即将电容器组分组安装在车间配电室或变电站各分路出线上，它可与工厂部分负荷的变动同时投入或切除，也就是在实际中将电容器分别安装在各车间配电盘的母线上。其优点是电容器利用率较高且补偿效果也较理想。

（3）集中补偿。即把电容器组集中安装在变电站的一次或二次侧的母线上。在实际中会将电容器接在变电站的高压或低压母线上，电容器组的容量按配电所的总无功负荷来选择。

优点是电容器利用率高，能减少电网和用户变压器及供电线路的无功负荷。缺点是不能减少用户内部配电网络的无功负荷。

四、功率因数标准及适用范围

1. 一般规定

根据《关于颁发〈功率因数调整电费办法〉的通知》[水利电力部、国家物价局文件——(83)水电财字第 215 号规定]：

（1）功率因数标准 0.90，适用于 160kVA 以上的高压供电工业用户，装有带负荷调整电压装置的高压供电电力用户和 315kVA 及以上的高压供电电力排灌站。

（2）功率因数标准 0.85，适用于 100kVA（kW）及以上的其他工业用户（包括社队工业用户），非工业用户和电力排灌站。

（3）功率因数标准 0.80，适用于 100kVA（kW）及以上的农业用户和趸售用户，但大工业用户未划由电业局直接管理的趸售用户，功率因数标准应为 0.85。

2. 按照《分布式电源接入电网技术规定》（Q/GDW 1480—2015）规定，光伏等新能源接入配电网后的功率因数标准

（1）通过 380V 电压等级并网的分布式电源，在并网点处功率因数应满足以下要求：

1）同步发电机类型和变流器类型分布式电源应具备并网点功率因数在 0.95（超前）～0.95（滞后）范围内可调整的能力。

2）异步发电机类型分布式电源应具备保证在并网点处功率因数在 0.98（超前）～0.98（滞后）范围可调节的能力。

（2）通过 10（6）～35kV 电压等级并网的分布式电源，在并网点处功率因数和电压调节能力应满足以下要求：

1）同步发电机类型分布式电源应具备保证并网点处功率因数在 0.95（超前）～0.95（滞后）范围内连续可调的能力，并可参与并网点的电压调节。

2）异步发电机类型分布式电源应具备保证并网点处功率因数在 0.98（超前）～0.98（滞后）范围自动调节的能力，有特殊要求时，可做适当调整以稳定电压水平。

3）变流器类型分布式电源应具备保证并网点处功率因数在 0.98（超前）～0.98（滞后）范围内连续可调的能力，有特殊要求时，可做适当调整以稳定电压水平。在其无功输出范围内，应具备根据并网点电压水平调节无功输出，参与电网电压调节的能力，其调节方式和参考电压、电压调差率等参数应可由电网调度机构设定。

第二节　线　损

一、线损的定义

线损是电能在传输过程中所产生的有功、无功电能和电压损失的简称（在习惯上通常为

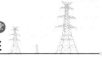

有功电能损失）。电能从发电机输送到客户要经过各个输变电元件，而这些元件都存在一定的电阻和电抗，电流通过这些元件时就会造成一定的损失；电能在电磁交换过程中需要一定的励磁功率也会形成损失；另外，还有设备泄漏、计量设备误差和管理等因素造成的电能损失。

上述损失的有功部分称为有功损失，习惯上称为线损，它以发热的形式通过空气和介质散发掉。有功电能损失与输入端输送的电能量之比或有功功率损失与输入的有功功率之比的百分数称为线损率，即

$$\Delta W\% = \Delta W / W \times 100\%, \quad \Delta P\% = \Delta P / P \times 100\%$$

无功部分称为无功损失，它使功率因数降低、线路电流增大、有功损失加大、电压降低，并使发变电设备负载率降低。电压损失称为电压降或压降，它使负载端电压降低，用电设备出力下降甚至不能正常使用或造成损坏。

从发电机出口装设的电能表处开始（不包括厂用电），到客户电能表处（包括电能表本身损耗）的范围内，所有输电、变电、配电元件中的电能损耗构成电力网的线损。

电力网线损的构成：

（1）各个升压和降压变电站的主变压器和联络变压器。

（2）各级电压的输电线路。

（3）6～10kV 及以上的高压配电线路。

（4）供电部门所属的 0.4kV 低压配电线路。

（5）供电部门所属的配电变压器。

（6）各个变电站内的各种一次和二次运行设备。其中包括：各级电压母线、开关设备、串联和并联电容器、调相机、静止无功补偿装置、电抗器、电流及电压互感器、保护回路、测量回路、控制回路、信号回路等设备。

（7）变电站的自用电（不包括生活用电、基建施工用电和大修用电）。

（8）接户线（下户线）及客户电能表。

在上述元件中，导线电阻的发热损耗、设备的铁芯损耗、调相机的机械损耗、电缆和电容器的介质损耗、架空输电线路的电晕损耗和绝缘子的漏电损耗等，均属线损统计计算之列。

二、线损的分类和线损率

电能损失可按其损耗的特点、性质和变化规律进行分类，降损工作要根据这些特点、性质和变化规律采取相应的技术和管理措施。

（一）线损的分类

1. 按损耗的特点可分为不变损耗、可变损耗和不明损耗三大类

（1）不变损耗（或固定损耗）。这种损耗的大小与电网中负荷电流无关且不随其变化，与电压变化有关，而系统电压是相对稳定的，所以其损耗相对不变。如变压器、互感器、电动机、电能表等铁芯的电能损耗，电容器的介质损耗以及高压线路的电晕损耗、绝缘子损耗等。

（2）可变损耗。这种损耗是指与电网中负荷电流有关且随其大小而变化的损耗，是电网

各元件中的电阻在通过电流时产生，大小与电流的平方成正比。如电力线路损耗、变压器绕组中的铜损。

（3）不明损耗。所谓不明损耗是指实际线损与理论线损之差的一种损耗。该种损耗变化不定，数量不明，难以用仪表和计算方法确定，只能由月末的电量统计确定，其中包括客户违章用电和窃电的损失、漏电损失、抄表以及电费核收中差错所造成的损失、计量表计误差所形成的损失等。

2. 按线损的性质可分为技术线损和管理线损两大类

（1）技术线损，又称为理论线损。它是电网各元件电能损耗的总称，主要包括不变损耗和可变损耗。理论线损可以根据输、变、配电设备参数和负荷特性用理论计算方法求得，因此进行线损理论计算可以提高企业的生产技术和经营管理水平，通过加强电网建设与技术改造，加强电网经济运行，加强电网无功、电压管理技术措施，合理制订线损考核指标，达到降低电能损耗的目的。

线损理论的常用计算方法有：① 均方根电流法；② 平均电流法；③ 最大电流法；④ 低压电网线损计算法，即等值电阻法和电压损失率法。

线损理论计算分析包括以下内容：

1）线损计算范围、计算职责、计算方法、计算程序是否符合计算规定要求。

2）提供的计算资料，包括设备参数和负荷实测资料及数据录入是否正确可靠。

3）与上次线损计算结果进行比较，诊断电网结构、用电结构、运行方式等变化对线损的影响。

4）与计算期内统计线损进行比较，是否具有可比性。

5）找出存在问题（电网结构的薄弱点、供电设备老旧损耗高、导线截面细、无功补偿容量不足，功率因数低、电能计量装置精度低等）。

6）制订措施。

（2）管理线损。由计量设备误差引起的线损以及由于管理不善和失误等原因造成的线损。如窃电和抄表核算过程中因漏抄、错抄、错算等原因造成的线损。管理线损可以通过加强管理来降低。

另外，还有"统计线损"这一术语，它是用电能表计量的总供（购）电量 A_c 和总售电量 A_s 相减而得出的损失电量，即

$$\Delta A = A_c - A_s$$

统计线损包括技术线损和管理线损，所以，统计线损不一定反映电网的真实损耗情况。并且，由于电网结构、电源的类型和电网的布局、负荷性质和负荷曲线均有很大的不同，所以各地区电网的损失也是不同的，有时差别很大。因此，一般与考核电气设备不同，同类型的设备采用相同的考核指标，这就给各电力网线损的可比性带来困难。为了克服这种困难，在电网中一般只通过线损理论计算来求得电网的理论线损，然后与电网的统计线损进行比较。如果两者接近，说明管理线损小，管理工作中的疏漏少；反之，如果两者差别大，说明管理工作中的疏漏多，应督促加强管理，堵塞漏洞。

3. 按损耗的变化规律分类，可分为空载损耗、负载损耗和其他损耗三类

（1）空载损耗即不变损失，与通过的电流无关，但与元件所承受的电压有关。

（2）负载损耗即可变损失，与通过的电流的平方成正比。

（3）其他损耗与管理因素有关。

（二）线损率

各级供配电网络的损耗情况用线损率作为指标考核。网耗电量与供电量比值的百分数，称为线损率。

$$台区线损率 = \frac{台区供电量 - \sum 该台区售电量}{台区供电量} \times 100\%$$

$$= \frac{\sum 网购电量 - \sum n 个用电属性客户结算电量}{\sum 网购电量} \times 100\%$$

线损率是考核供电企业的重要技术指标，是电力企业升级的主要标准之一。这项指标关系着电网的发、供、变、用等各环节的运行情况，因此，它是企业管理水平的综合反映。

1. 线路的线损

$$综合线损率 = \frac{网损电量}{\sum 网购电量} \times 100\%$$

在正常情况下（排除线路上接有发电用户的可能），线路的线损率均为正，当出现负值时，最有可能的原因就是线路负荷的统计口径出现了问题。

2. 配变台区的线损率

与线路的线损率一样，在一般情况下线路的线损率均为正。0.4kV 台区供电量往往就是10kV 该台区的抄见电量（售电量）。但是也有一些电力公司，为了上级线路统计线损的方便，将配电变压器损耗计入台区损耗，计算配变台区的线损率，即

$$线损率 = \frac{网损电量}{供电量} \times 100\% = \frac{供电量 - 售电量}{供电量} \times 100\%$$

3. 综合线损率

供电营业区的网损电量与网购电量之比，称供电企业的综合线损率。即

$$线路线损率 = \frac{线路供电量 - \sum 该线路售电量}{线路供电量} \times 100\%$$

综合线损率反映着供电企业的整体生产、经营水平，是供电企业经营状况好坏的又一重要考核指标。线损率越低，电力公司的相对收益越大，降损节能有益于企业，有益于社会。

三、造成线损高的原因

（1）供、售电量抄表时间不一致，抄表例日变动，提前抄表使统计期售电量减少；

（2）由于供电企业的电网运行方式不合理，供电电压偏低，供电半径加大，造成实际线损值的增加；

（3）电力客户的无功管理不到位，造成流过线路的无功电流加大，引起线损增加；

（4）由于季节、负荷变动等原因使电网负荷潮流有较大变化，使线损增加；

（5）电能表配置不合理，或超周期运行，使各类计量电能表的误差增加（供电量正误差、

售电量负误差），或供电量多抄错算；

（6）退前期电量和丢、漏本期电量（包括用电户窃电）；

（7）供、售电量统计范围不对口、供电量范围大于售电量；

（8）无损户的用电量减少。

四、降低线损的措施

线损管理涉及供电企业内部各个部门的工作，线损率的高低与运行方式、网络结构、负荷分配、无功补偿、运行维护、检修质量、计量管理、抄核收电费管理工作等密切相关。"理论线损"属技术线损，要使之降低必须从技术角度出发，来加以解决。"管理线损"是管理不善造成的，因而必须从管理角度出发，从组织措施上予以解决。即降损的措施包括技术措施和组织措施。

1. 技术措施

技术措施是指对电网的某些环节、元件经过技术改造或技术改进，推广应用节电新技术和新设备，采用技术手段调整电网布局、优化电网结构、改善电网运行方式等来减少电能损耗的方法。本书主要讨论高低压配电网的技术降损方法。

（1）减少配电电压层次，减少重复变电容量，线路升压进入城区和大工业负荷区。随着负荷的增长，引入更高一级电压的线路，进行城网改造，有效地降低损耗。一般县城或大工业负荷引入 35kV 电源，采用 35/0.4kV 直变供电，将 10kV 升压到 35kV，线路损失会降低92%。

（2）准确确定负荷中心，调整线路布局，减少或避免超供电半径供电现象。将电源设置在负荷中心，使配电网呈网状结构，应尽量避免采用链状和树状结构。

（3）合理选择导线截面。10kV 配电线采用经济电流密度选择线径，主干线不宜小于$70mm^2$，支干线不宜小于 $50mm^2$，分支线不宜小于 $35mm^2$；0.4kV 低压配电线路按最大工作电流选择线径，主干线不宜小于 $35mm^2$，分支线不宜小于 $25mm^2$。

（4）选择新型节能变压器，合理选择变压器台数、容量，调整运行方式，达到经济运行。减少配电变压器损耗的方法是采用节能型变压器和使其在经济负载率下运行。在城网改造中宜大力推广使用 S_{11}、S_{13} 系列变压器，经济允许考虑选用非晶合金变压器。

（5）提高功率因数，实行无功补偿，尽量使无功就地平衡。县级农村配电网无功补偿的主要方式有：35kV 变电站 10kV 电容器集中补偿，补偿容量为主变压器容量的 10%～20%；10kV 配电线路上的分散补偿，补偿容量视线路负荷而定；10kV 配电变压器的随机补偿，补偿容量为配电变压器容量的 15%左右；大型电动机的随机补偿，补偿容量为电动机功率的53%左右。

（6）尽量使配电变压器三相负荷平衡。配电变压器低压侧三相负荷不平衡，损耗要加大，不平衡度越高，损耗越大，不仅加大损耗，严重时还会减少变压器使用寿命。

（7）正确选用异步电动机的型号和容量。异步电动机是主要动力用电设备，其效率和功率因数在 70%以上负载率时最高，在额定功率时的功率因数约为 0.85～0.89，而在空载和轻载时的功率因数和效率都很低，空载时的功率因数只有 0.2～0.3，选择电动机的容量与所带负载匹配，对改善功率因数和减少损耗非常重要。

2. 降损的组织措施

因管理原因形成的电能损失，在某些区域、时期还较严重，引起线损率严重波动。降损的组织措施指通过加强管理，采取有效的管理手段有组织地减少或消灭因管理不当带来的电能损失的方法。配电网降损的组织措施概括如下：

（1）建立线损管理组织体系，制定线损管理制度。建立全局管理体系，制定线损管理制度，分级、分压、分线路、分台区进行管理和考核，对各级、各部门明确职责，制定工作标准，共同搞好线损管理工作。

（2）建立指标管理体系，综合考核。线损率指标体系应包括高低压配电网的理论线损指标，每条线路和重要客户（单位）的功率因数指标，高低压电压合格率指标，电能表的校验轮换率指标，补偿电容器投运率指标，电能表实抄率指标，电费核算差错率指标，高耗能设备的淘汰、线路设备的节能改造等经济技术指标。线损指标应层层分解落实到人，并认真考核，做到"人人关注线损，人人参与降损"。

（3）加强基础管理，建立健全各项基础资料，开展线损分析。通过经常性地开展线损调查工作，可进一步掌握和了解线损管理中存在的具体问题，从而制订切实可行的降损措施。

（4）开展线损理论计算工作。通过开展线损理论计算，全面掌握各供电环节的线损状况及存在的问题，使线损管理科学化、规范化，为进一步加强线损管理提供准确可靠的理论依据。线损理论计算是降损节能、加强线损管理的一项重要的技术管理手段。通过理论计算可以发现电能损失在电网中的分布规律，通过计算分析能够暴露出管理和技术上的问题，对降损工作提供理论和技术依据，能够使降损工作抓住重点，提高节能降损的效益，使线损管理更加科学。

（5）加强运行管理，减少因设备运行方式不合理带来的损耗。根据负荷变化调整线路（变压器）运行电压，使电压处在合理范围；根据负荷变化及时投切补偿电容器，减少配电网输送的无功电流；调整变压器的负载率，使其运行在经济运行区，避免变压器长期轻载、满载或超载；季节性用电变压器根据季节变化空载时及时停运；调整低压配电网单相用电负荷，平衡三相负载，使配电变压器出口电流不平衡度不大于10%，干线及主要支线始端电流不平衡度不大于20%。

（6）建立各级电网的负荷测录制度。测录的负荷资料可用于理论计算、分量表计的异常处理和电网分析，确保电网安全经济运行。

（7）加强计量管理，提高计量的准确性，降低线损。要求各级计量装置配置齐全，定期进行轮换和校验，减少计量差错，防止由于计量装置不准引起的线损波动。

（8）定期开展变电站母线电量平衡工作，统计中发现母线电量不平衡率超过规定值时，应认真分析，查找原因，及时通知有关部门进行处理，特别是关口点所在母线和10kV母线，其合格率应达到100%。

（9）组织用电普查，堵塞营业漏洞。以营业普查为重点，对"量、价、费、损"以及电能计量装置等进行全面检查。

（10）采用电能采集技术来减少线损。传统的电能计量方式已经远远无法达到电力系统建设与发展的需求，电能采集技术的应用可实现对电力能源的精准计量与统计，可为有关部门提供更加精准的管理数据支持，及时发现电能线损并采取相应的应对措施，降低线损率。

电能采集系统一般包括电能采集系统、负荷管理系统、配电变压器检测系统以及集中抄表系统。

五、供电所的线损管理

供电所有三项核心工作：一是安全管理，二是线损管理，三是电费管理。线损管理和电费管理工作是经济考核的重要内容，安全是一切工作的前提和主线，作为一个最基层的农村供电所，线损的高低不仅和全体职工的奖金直接挂钩，也是供电所综合管理水平的反映，要充分认识"线损"这项工作的重要性。因此，建立健全线损管理组织，规范计量管理，严格抄表工作，加强营业普查工作，坚持考核管理办法，坚决打击窃电行为，加强临时用电管理，做好配变台区测量负荷工作，对线损管理就显得尤为重要。

（1）建立健全线损管理组织。以所长为线损总负责人，由技术员和各分片线损管理员组成降损工作小组，每月定期由技术员组织线损分析会，找出问题的关键所在，并采取有效措施进行解决。

（2）规范计量管理，确保计量装置接线的正确性和计量的准确性。电能计量装置要配置合理，安装规范。按规程要求定期轮换校验，保证误差值在合格范围内并尽可能降低；规范计量箱的安装位置，缩短馈线距离，加大馈线截面积；严格铅封制度；配表防止小容量大计量。

（3）严格抄表工作。严格执行抄表制度，严禁通过人为调整抄表时间和调节配电变压器用户来调整线损率。

（4）加强营业普查工作。

（5）完善线损考核管理办法，并不断加以改进。

（6）坚决打击窃电行为，维护正常供用电秩序。

（7）加强临时用电管理。

（8）做好配电变压器台区负荷测量工作。按季节对变压器的负荷进行测量，防止出现超负荷或大马拉小车现象。

第三节　电　能　质　量

供电质量也叫电能质量。良好的供电质量一般指频率正常，偏移不超过 $\pm 0.2 Hz$，电压正常，偏移不超过额定值的 $\pm 5\%$。供电质量还包括电压和电流的波形质量及交流三相系统的电压和电流的不对称度。

一、频率

电力系统频率是电力系统中同步发电机产生的交流正弦电压的频率。在稳态条件下各发电机同步运行，整个电力系统的频率是相等的。它是电力系统运行参数中最重要的参数之一和表征电能质量的最重要指标之一。电力系统的额定频率为 50Hz 或 60Hz，我国采用 50Hz。

电力系统中的发电和用电设备，都是按照额定频率设计和制造的，只有在额定频率附近运行时，才能发挥最好的效能。系统频率过大的变动，对用户和发电厂的运行都将产生不利的影响，轻则使设备不能正常工作、影响设备使用寿命，重则损坏设备，甚至引起系统崩溃，造成大面积停电。

电力系统频率的恒定是以系统有功功率的平衡为前提的。正常运行时，系统全部负荷消耗的有功功率（包括网损）与系统的总出力相等时，系统频率保持为额定值。在系统的有功功率平衡破坏时，频率就要发生变化。如当系统负荷增加时，频率降低；反之，负荷减少时频率增大。电力系统运行的重要任务之一，就是要及时调节各发电机的出力，在负荷发生变化时保持频率的偏移在允许的范围之内。而发电机的出力是和转速成正比的，因此，频率控制实际上就是调节发电机组的转速。

频率控制和有功功率控制是密切相关、不可分割的，应该统一考虑，协同解决。

二、电压

和频率一样，电压也是电能质量的重要指标之一。电压的变化对用户的运行特性有很大的影响。电压偏移过大对用户及电力系统本身都有不利的影响，会造成设备寿命缩短、设备不能正常工作、影响产品的产量和质量、电气设备的绝缘损害等。所以，为了保证电气设备的正常工作，电力系统运行中必须进行各节点电压的监视和调节，以保证电压偏移在允许的变化范围之内。

三、电能质量标准规定及要求（见表 7-1）

表 7-1　　　　　　　　　　　　　　　电能质量标准规定及要求

标准项目	国家标准规定		不满足规定产生的危害
频率	额定值是 50Hz。电力系统正常运行条件下频率偏差允许值为 ±0.2Hz，当容量较小时偏差限值可以放宽到 ±0.5Hz		频率偏差大，将影响用户的产品产量和质量，影响电子设备工作的准确性；将影响发电厂的出力，增大变压器和异步电机励磁无功损耗，甚至造成汽轮机叶片损伤或断落事故
电压	35kV 及以上供电电压，正、负偏差的绝对值之和应不超过额定电压的 10%；20kV 及以下三相供电电压，允许偏差为额定电压的 ±7%；220V 单相供电电压，允许偏差为额定电压的 +7%、-10%		电压过低时：电动机绕组中电流增大，温升增加，效率降低，寿命缩短，甚至烧坏电动机；客户的电热设备会减少发热量而引起产量和质量的降低，白炽灯泡发光效率降低，电子设备不能正常工作。电压过高时：危及电气设备的绝缘，在某种情况下，由于变压器的铁芯饱和还可能引起高频谐振；照明设备寿命缩短
波形	客户供电电压（kV）	电压总谐波畸变率（%）	波形畸变产生高次谐波，使电气设备过热、振动，使电子设备和继电保护、自动装置误动；还可能引起对通信设备的干扰；同时增加了附加损耗，降低了电气设备的效率和利用率，大大增加了电网谐振引发事故的危险性
	0.38	5.0	
	6 或 10	4.0	
	35 或 66	3.0	
	110	2.0	
电压和电流不平衡度	允许值为 2%，短时不超过 4%		三相电力系统中，某相电压过高或过低，不能使客户正常工作；影响电动机的正常工作，会产生附加发热，并有振动发生；影响仪表精度、继电器的动作正确性；对邻近的通信线路产生干扰

第四节　供　电　可　靠　性

供电可靠性是指供电系统持续供电的能力，是考核供电系统电能质量的重要指标，反映了电力工业对国民经济电能需求的满足程度，已经成为衡量一个国家经济发达程度的标准之一。供电可靠性可以用如下一系列指标加以衡量：供电可靠率、用户平均停电时间、用户平均停电次数等。我国供电可靠率目前一般城市地区达到了 3 个 9（即 99.9%）以上，用户年平均停电时间≤8.76h；重要城市中心地区达到了 4 个 9（即 99.99%）以上，用户年平均停电时间≤53min。

一、供电可靠性评价指标计算

1. 供电可靠率

在统计期间内，对用户有效供电时间总小时数与统计期间小时数的比值，记作 RS-1。

$$供电可靠率=（1-用户平均停电时间/统计期间时间）×100\%$$

2. 用户平均停电时间

用户在统计期间内的平均停电小时数，记作 AIHC-1，h/户。

$$用户平均停电时间=\frac{\sum(每户每次停电时间)}{总用户数}$$

$$=\frac{\sum(每次停电持续时间×每次停电用户数)}{总用户数}$$

3. 用户平均停电次数

供电用户在统计期间内的平均停电次数，记作 AITC-1，次/户。

$$用户平均停电次数=\frac{\sum(每次停电用户数)}{总用户数}$$

4. 用户平均故障停电时间

在统计期间内，每一户的平均故障停电小时数，记作 AIHC-F，h/户。

$$用户平均故障停电时间=\frac{\sum(每次故障停电时间×每次故障停电用户数)}{总用户数}$$

5. 用户平均故障停电次数

供电用户在统计期间内的平均故障停电次数，记作 AFTC，次/户。

$$用户平均故障停电次数=\frac{\sum(每次故障停电用户数)}{总用户数}$$

6. 用户平均预安排停电时间

在统计期间内，每一用户的平均预安排停电小时数，记作 AIHC-S，h/户。

$$用户平均预安排停电时间=\frac{\sum(每次预安排停电用户数×每次预安排停电时间)}{总用户数}$$

7. 用户平均预安排停电次数

供电用户在统计期间内的平均预安排停电次数，记作 ASTC，次/户。

$$用户平均预安排停电次数 = \frac{\sum(每次预安排停电用户数)}{总用户数}$$

这些可靠性指标反映了城市的电网建设情况、设备供电能力和电力部门停电管理的综合水平。指标与各种因素有关，例如网架结构、不同设备的可靠性、线路长度及负荷的专供能力等。

二、供电可靠性主要影响因素

1. 网架结构接线方式

针对中压配电系统典型接线方式主要有单辐射、单联络、多联络。

（1）单辐射：线路或设备故障检修时，用户停电范围大，当电源故障时，则将导致整条线路停电，供电可靠性差，不满足 $N-1$ 要求。

（2）单联络：通过一个联络开关，将来自不同变电站的母线或相同变电站不同母线的两条馈线连接起来，任意区段故障，闭合联络开关，将符合专供，可满足 $N-1$ 要求，供电可靠性高。

（3）多联络：线路采用环网接线开环运行方式，使任意一段线路出现故障时，均不影响其他线路路段正常供电，缩小了每条线路的故障范围，提高了供电可靠性。同时，由于联络较多，提升了线路的利用率。

2. 停电分类及原因

配电网的供电能力一般用停电率来表示，即是基础运行数据。停电一般分两种情况：故障停电和预安排停电。停电的分类见图7-1。在基础运行数据分别是故障停运率、故障停运时间和计划停运率、计划停运时间。

（1）故障停电：主要是由于绝缘损坏、自然劣化老化、雷害等外力或其他原因造成的。故障停运修复时间与运行管理水平、网架结构以及配电网自动化水平有关。

（2）预安排停电：指预先已作出安排，因实验、检修、施工等需要造成的停运，计划停运时间与作业复杂程度和施工技术水平有关。

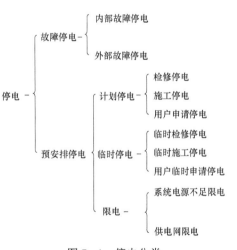

图7-1　停电分类

故障停运和计划停运的参数值越小，则供电可靠性越好。

3. 提高可靠性的措施

技术方面：

（1）改善网架结构接线方式。网架结构是影响配电网供电可靠性的重要因素。在配电网中推广采用环网、多分段连接的方式，以提高利用率和供电可靠性。对部分可靠性较低的线路，在原有的线路基础上，对所有分支线路均加装隔离开关或熔断器，合理分段，安装联络开关，加强系统以限制由于分支线路故障或检查对主干线路造成停电的影响。

（2）加强线路的绝缘化水平。由环境、外力破坏，如树木碰线、污闪、车辆交通事故破坏、偷盗破坏，引起的短路或接地故障。推广绝缘电缆的使用，遇到不得不在路口设杆的情况，应在电杆或路旁装车挡和保护栏等。

管理方面：

（1）优化停电检修和故障抢修的管理。检修是针对设备即将发生故障或者已经发生了故障所采取的预防和补救措施。部分地区仍存在因计划检修安排不合理而造成系统可靠性指标偏低的情况。电力系统的维修依赖于人员的素质与管理水平，为了缩短计划检修和故障抢修的停电时间，应加强技术人员、运行人员的管理培训，制订合理的维修策略采取合理的维修手段。

（2）设备的更换。老化和劣质设备应及时更换，提高线路设备的健康水平，可降低故障停运率。

（3）开展带电作业。带电作业是指在高压电气设备上不停电进行检修、测试的一种作业方法。带电作业能够保证不间断提供电能，是提高供电可靠性的有效手段。带电作业的内容可分为带电测试、带电检查和带电维修等方面。带电作业的对象包括发电厂和变电站电气设备、架空输电线路、配电线路和配电设备。带电作业的主要项目有：带电更换线路杆塔绝缘子，清扫和更换绝缘子，水冲洗绝缘子，压接修补导线和架空地线，检测不良绝缘子，测试更换隔离开关和避雷器，测试变压器温升及介质损耗值。带电作业根据人体与带电体之间的关系可分为三类：等电位作业、地电位作业和中间电位作业。

第八章

常见仪表使用

第一节 万 用 表

一、万用表的使用方法和技巧

万用表价格低廉，携带和使用方便，功能很多，所以叫万用表，是应用最广泛的电工仪表。万用表可分指针式和数字式两类。指针式（为磁电式）万用表是通过指针在刻度尺上所指示的位置（即刻度线）和所选的量程来读数的。常见的指针式万用表有 MF47 型和 500 型，其中 MF47 型最为典型。数字式万用表能通过我们选择的量程和液晶屏显示的数字、标点来读数，比指针式万用表读数更准确、直观、方便。

1. 指针式万用表的基本工作原理

万用表的基本工作原理是利用一只灵敏的磁电式直流电流表（微安表）做表头。当微小电流通过表头时，就会有电流指示。但表头不能通过大电流，所以必须在表头上并联和串联一些电阻进行分流或降压，从而测出电路中的电流、电压和电阻，详见表 8-1。

表 8-1 指针式万用表的原理

类别	示 意 图	说 明
测电阻的原理	调零电阻 表内电阻 表内电池 红表笔　黑表笔 待测电阻	在表头上联接适当的电阻，同时串接一节电池，测量电阻时有电流 I 通过回路。 待测电阻值不同，回路中产生的电流和指针的偏转角也不同。根据电流（偏转角）的大小，就可测量出电阻值。改变分流电阻的阻值，就能改变测量电阻的量程。 特别注意：打到电阻挡时，黑、红表笔之间可输出直流电压，黑表笔为直流电压的正极，这对检测晶体管非常重要
测直流电流的原理	分流电阻	在表头上并联一个适当的电阻（叫分流电阻）进行分流，就可以扩展电流量程。改变分流电阻的阻值，就能改变待测电流的测量范围

类别	示 意 图	说 明
测直流电压的原理	 降压电阻 待测直流电压	在表头上串联一个适当的电阻进行降压，就可以扩展电压量程。改变该电阻的阻值，就能改变待测电压的测量范围
测交流电压的原理	 并串式半波整流器 分压电阻 待测交流电压	因为表头是直流电表，所以测量交流时，需加装一个并串式半波整流器，将交流进行整流变成直流后再通过表头，这样就可以根据直流电的大小来测量交流电压。扩展交流电压量程的方法与直流电压量程相似

注 虚框内为万用表的内部。

2. MF47 型指针式万用表的使用方法

（1）指针式万用表测量电阻的阻值。

步骤一：选量程。

方法：用手转动选择开关，指向"Ω"范围的某一量程。

说明：测同一电阻，若所选量程不同，则指针的位置也不同，若指针指在最右端或最左端附近，则读数误差较大，选量程的原则是使指针不指在最右端附近或最左端附近。

步骤二：调零。

方法：将两表笔短接，看指针是否指在 0Ω 刻度，若不是，可转动调零旋钮，使指针指在 0Ω 刻度，（注：测量导线的通、断或粗测绝缘电阻，可以不调零）。

说明：每改变一次量程，都需要重新调零。

步骤三：测量。

方法：两表笔接触待测电阻的两端。

说明：手不要接触表笔的金属杆，若手接触了，则示数是待测电阻和人体电阻并联后的总电阻，将导致高阻挡位测量不准确。

步骤四：读数。

方法：指针所指的数值乘以量程，为待测电阻的阻值。

说明：使用完毕，将挡位开关达到 OFF 挡或交流电压最高挡，以防再次使用时不选量程直接测量而损坏仪表；若长期不用，应取出电池。

（2）指针式万用表测交流电压。

步骤一：打到交流电压挡并选量程。

方法：转动选择开关，指向交流电压"ACV～"范围的某一量程。原则是，量程要比待测电压大，同时又尽量接近（例如，要检测单相市电，可选交流 250V 挡或 500V 挡。现在我们选交流 250V 挡）。若不知待测电压大约是多少，可先选用最高量程测量，如果指针所指的示数过小，不便读数，可减少量程。

步骤二：测量。

方法：用两表笔分别接触被测电源（相线和零线）。

步骤三：读数。

方法：所选的量程是多少，则满刻度就是多少伏。由于我们选择的是 250V 挡，所以满刻度为 250V。根据该满刻度盘的 200 到 250 之间共有 11 条刻线，10 个相等的等分，所以相邻两刻线之间有 50V 的电压，所以指针所指示的示数约为 240V。

注意：指针式万用表交流电压挡的硅二极管半波整流，将交流变为直流后再送到表头检测、显示。由于硅二极管存在非线性，且在 0～10V 之间较明显，而在更大量程上，其非线性影响可以忽略。所以交流 10V 挡采用独立刻度线，而其他量程则和直流电压、电流共用刻度线（即从上往下的第二条刻度线）。

（3）指针式万用表测量直流电压。

步骤一：将选择开关打到直流电压挡，即"DCV"范围某一挡，共有 8 个量程（从 0.25～1000V）。

步骤二：选量程方法与测交流电压一样，即量程要比待测电压大，但也不要大得太多。

步骤三：红表笔接电源的正极或高电位，黑表笔接电源的负极或低电位。如果接反了，指针会向左偏，有可能损坏仪表。

步骤四：读数方法与测交流电压一样。即所选的量程是多少伏，则满刻度就是多少伏。再根据指针所指的刻线读出示数。

（4）指针式万用表测量直流电流。

步骤一：万用表选择开关打到直流电流挡，即"DCmA"范围的各量程（有 0.05～500mA 共 5 个量程）。使用 5A 量程时，红笔插在"5A"插孔，选择开关置于 500mA 挡位。

步骤二：测量时要将仪表串入电路，并要使电流从红表笔流进去，而从黑表笔流出。否则，指针会反转，可能损坏仪表。

步骤三：读数方法与测交流、直流电压的读数方法一样，即所选的量程是多少毫安，则满刻度就是多少毫安，再根据指针所指的刻线读出示数。

二、数字式万用表的认识和使用

数字式万用表实物图及面板关键部件如图 8-1 所示。

数字式万用表的功能比指针式万用表多了二极管挡和电容挡。另外要注意：和指针式万用表相反，数字式万用表的选择旋钮打到电阻挡或二极管挡时，红表笔是和表内电池的正极相连的，也就是说红、黑表笔之间可输出直流电压，红表笔为直流电的正极。

1. 数字式万用表的使用方法

（1）数字式万用表测电阻。

测电阻的方法与指针式万用表基本相同，不同之处有：

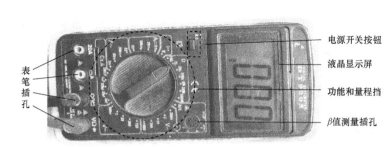

图 8-1　数字式万用表实物图及面板关键部件

1）选的量程的单位是什么，读出的示数的单位就是什么。

2）如果示数为 1，说明量程选小了，需改为大量程。

例：某电阻的检测过程如下：

1）打到电阻挡选择量程（这里选择"2k"）。

说明：红、黑表笔分别插入"V/Ω""COM"孔。

2）测量。

说明：示数若为 1，说明量程选小了

3）改为"200k"量程，再测量，读数（此时示数为 97.9）。

说明：由于量程选的是"200k"，屏上示数为 97.9，所以待测电阻为 97.9kΩ。

（2）数字式万用表测交流电压。

选择开关打到交流电压"V～"挡，测量方法与指针式万用表相同，如果量程选"200m"，则读出的数据单位为毫伏（mV），若选"2～750"之间的量程，则读出的数据单位为伏（V）。

（3）数字式万用表测直流电压。

以检测某 9V 电池的电压是否正常为例进行介绍：

1）选量程（选"V－"挡，这里选"20"）。

2）测量（测量时表笔不分极性）。

说明：读数直接从屏上读出，这里为"－9.68V"，"－"表示红表笔接的是低电位。

3）交换表笔测量。

说明：读数为"9.52V"，前边没有负号，说明红表笔接的是高电位。量程若选的是"200m"，读数的单位就是毫伏（mV）；若选的是其他量程（2、20、200、750），则读数的单位是伏（V）；实际应用时，没必要交换表笔测量。

（4）数字式万用表测直流电流。

1）与指针式万用表不同之处如下：

测量时可不分极性，如果示数前有个负号，说明红表笔接的是低电位。

2）如果被测电流小于 200mA，可选"200、20m 或 2m"量程，红表笔应插入"mA"孔，黑表笔插入"COM"孔。

3）如果待测电压大于 200mA，则需选"20A"量程，红表笔应插入"20A"插孔，黑表笔插入"COM"孔。

同样需注意：读出的数值的单位与量程的单位相同。

（5）数字式万用表测交流电流。

用数字式万用表测量交流电流的方法和测直流电流的方法基本相同。

（6）数字式万用表二极管挡的使用方法。

数字式万用表电阻挡所提供的测试电流较小，测二极管正向电阻时要比用指针式万用表电阻挡的测量值高出几倍，甚至几十倍，所以不宜用电阻挡检测二极管和三极管的 PN 结。为了方便地测 PN 结，数字式万用表设置了二极管挡。该挡是通过测 PN 结的正向压降来鉴别 PN 结的好坏的。使用方法如下：

1）将选择旋钮打到二极管挡，红、黑表笔分别插入"V/Ω"孔、"COM"孔。

2）两表笔（不分红、黑）接触二极管的两端。

说明：示数为 1，说明二极管截止。

3）交换表笔，再接触二极管的两端。

说明：示数为".594"，说明二极管处于导通状态，导通电压为 0.594V，此时红表笔接的是二极管的正极或 PN 结的 P 端。如果测量值一次为"1"，一次为".6"左右，说明该 PN 结是好的。该检测方法常用于检测二/三极管、场效应管、可控硅等晶体管器件。

（7）数字式万用表测电容器的容量。

数字式万用表的电容挡有 200μF、2μF、200nF、20nF、2nF 五个量程。现以对标称值为 33μF 的电容器的测量为例进行介绍，如下：

选择量程（这里选择"200μF"的量程），将电容器放电后，插入电容器测量孔，然后读数。

说明：示数为 27.9，由于量程单位是微法（μF），读出的数值为 27.9μF。该电容器的容量有轻微下降。

注：有的数字式万用表没有设置电容器的插孔，而是在选择电容挡的量程后，将表笔插入测量孔，用两表笔接触电容器的两端，再读数。UT58A 型数字式万用表的表笔插孔如下：

"hFE"为测 β 值的符号，在相邻的两孔插上配套插座后可测 β 值；

"┤ ├"为电容的符号，表示相邻的两孔为电容测量插孔。

插孔的用法：

（1）测交/直流电压、电阻、二极管时，红表笔插入"V/Ω"插孔，黑表笔插入"COM"插孔。

（2）测直流电流时，红表笔插入"μAmA"，黑表笔插入"COM"插孔。

（3）测小于 20A 的交、直流电流时，红表笔插入"A"，黑表笔插入"COM"。

（4）测电容时，将黑表笔插入"μAmA"，红表笔插入"V/Ω"。选择电容挡的量程后可用表笔接触电容器的两端（注意，若测电解电容器，红表笔应接电容器的正极，以免误差大），读出电容值。也可以在这两个孔插入配套插座后，再将电容器两脚插入插座的孔内，再读数（正极应插入"V/Ω"孔）。

三、使用万用表的注意事项

（1）正确插好红、黑表笔孔。有些万用表的表笔孔多于两个，在进行一般测量时红表笔插入"+"标记的孔中，黑表笔插入"-"标记的孔中，红、黑表笔不要插错。

（2）测量前要正确选择挡位开关。例如，不能将万用表打在电阻挡上去测电压、电流等，这样做容易损坏仪表。

（3）选择好挡位开关后，应正确选择量程。对指针式万用表来说，选择的量程应使指针指在刻度盘的中间位置；对数字式万用表来说，应尽量使显示的示数处于满刻度的中间附近位置，这时的测量精度最高。

（4）在直流电流挡时不能去测量电阻或电压,因为在直流电流挡时表头的内阻很小,红、黑表笔两端只要有较小的电压,就会有很大的电流流过表头,容易将表头烧坏。

（5）在测量 220V 交流电压时,手不要碰到表笔头部的金属部位,表笔线不能有破损（常有表笔线被烙铁烫坏）。测量时,应先将黑表笔接地端,再连接红表笔。

（6）测量较大电压或电流的过程中,不要去转换万用表的量程开关,否则会烧坏开关触点。

（7）万用表使用完毕,将挡位开关置于空挡,或置于最高电压挡,不要置于电流挡,以免下次使用时不加注意就去测量电压;也不要置于欧姆挡,以免表笔相碰造成表内电池放电。

（8）万用表在使用中不应受到振动,保管时应防受潮。

（9）长期不用,应将电池取出来,以免电池漏液腐蚀万用表。

第二节　钳型电流表

一、钳型电流表的使用方法和技巧

钳型电流表简称钳型表。用普通电流表测量电路中的电流需要将被测电路断开,串入电流表后才能完成电流的测量工作,这在测量较大电流时非常不便。而钳型表可以直接用钳口夹住被测导线进行测量,这使得电工测量过程变得简便、快捷,从而得到广泛应用。

尽管钳型表有多个种类,但工作原理和使用方法基本相同。我们应着重掌握使用方法,以及用钳型表来帮助我们分析和解决实践中遇到的问题。

1. 钳型表的工作原理

钳型电流表是在万用表的基础上,添加电流传感器后组合而成的,故一般钳型表都具有万用表的基本功能,除了电流测量范围及电表接入方式不同外,其他与万用表基本相同。

钳型电流表的电流传感器的工作原理有互感式、电磁式、霍尔式三种。常见的钳型电流表多为互感式,下面简要介绍其工作原理。

互感式钳型电流表是利用电磁感应原理来测量电流的, 如图 8-2 所示。

电流互感器的铁芯呈钳口形状,当紧握钳型电流表的把手时,其铁芯张开,将被测电流的导线放入钳口中。松开把手后铁芯闭合,通有被测电流的导线就成为电流互感器的一次侧,于是在二次侧就会产生感应电流,并送入整流式电流表进行测量。电流表的刻度是按一次侧电流进行标度的,所以仪表的读数就是被测导线中的电流值。互感式钳型电流表只能测交流电流。

2. 钳型表的分类和特点

根据原理、用途、外形特点等钳型表有多种不同类型,钳型表的分类及特点见表 8-2。

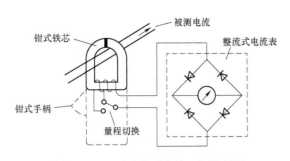

图 8-2　互感式钳型表的工作原理图

表 8-2　　　　　　　　　　　　　　钳型表的分类及特点

分类方式	类型	图　　例	特　　点
显示方式	指针式		测量结果通过指针方式指示，结构简单；指针能直观反映示数的变化；电流测量是无源的，即不用电池也可测量。但不能承受剧烈撞击，读数不直观
	数字式		测量结果通过数字方式指示，读数直观、准确，功能多，能承受一定的撞击而不损坏
电流传感器原理	互感式		该类型钳型电流表是由电流互感器和电流表组合而成的，用测量钳口只能测量交流电流，且一般准确度不高，通常为 2.5～5 级
	霍尔式		该类型钳型电流表用霍尔传感器作为电流传感器，霍尔效应较敏感，能够用测量钳口测量直流和交流电流，与电流互感器式电流钳口没有区别，区别在于测量精度及测量电流种类的不同
	电磁式		该类型的钳型表，其测试仪表中心的磁通直接驱动用于读数的铁片游标，用于直流或交流电流的测量，并给出了一个真正的非正弦交流波形的有效值
电流测量范围	大电流		钳型表对非常大的电流比较容易测量，故一般钳型表的电流测量范围在几十安到几百安，甚至几千安，而对较小毫安级电流则测量不出来
	微电流		采用特殊钳口设计，既能测量微小电流，又能测量大电流，同时可以测量电路漏电所产生的泄漏电流

续表

分类方式	类型	图　例	特　点
适用电压范围	低压		一般仪表只能用在低压范围才能保证操作人员的安全，不能用在高压测量中，否则对仪表及操作人员都会产生安全事故
	高压		由于采用了特殊操作规范，专门用于电力高压电网的电流测量，并能保证操作人员的安全
钳口形式	闭口式		电流钳口虽然在测量过程中可以张开和闭合，但在测量计数时，钳口必须闭合才能准确读数
	开口式		电流钳口是张开的，不需要钳口张开扳机，测量时只要将被测导线卡入钳口，测量更便捷

3. 常用钳型表结构、面板及说明

（1）MG28A 型指针式钳型表结构及面板。

MG28A 型指针式钳型表的钳口可根据实际需要安装和分离，其面板结构如图 8－3 所示，各部分功能说明见表 8－3。

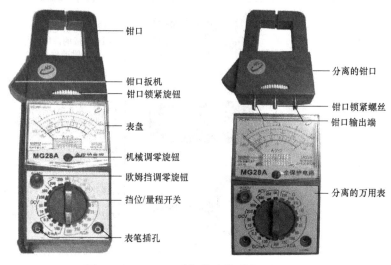

图 8－3　MG28A 型指针式钳型表面板结构

表 8－3　　　　　　　　　　　**MG28A 型指针式钳型表面板功能说明**

结构部位	功　能　说　明
钳口	测量交流大电流的一种传感器，通过电磁原理将穿过其中的导线中的电流转换为万用表头能测量的电流。待测导体必须垂直穿过钳口中心
钳口扳机	按压扳机，使钳口顶部张开方便导体穿过钳口，松开扳机钳口闭合后才能读数测量

续表

结构部位	功 能 说 明
钳口锁紧旋钮	在用作一般万用表使用时,用此旋钮分离钳口与表头
钳口锁紧螺丝	配合钳口锁紧旋钮,锁紧钳口与表头
钳口输出端	钳口转换后的电流由此端口进入表头进行测量
表盘	显示各种测量结果
机械调零旋钮	当不进行测量时,指针不在左边零刻度时,可用此旋钮将指针调到左边零刻度处
欧姆挡调零旋钮	使用电阻挡时,每次换挡都要用此旋钮进行电阻调零
挡位/量程开关	用于进行功能与挡位转换
表笔插孔	除了测量交流大电流,其他挡位都用与此孔相连的表笔进行测量

（2）DM6266 型数字式钳型表结构及面板。

DM6266 型数字式钳型表是一款应用很普遍的钳型表,有很多厂家都生产这款钳型表,型号后缀数字都是"6266",结构与使用方法完全相同。其面板结构如图 8-4 所示,各部分功能见表 8-4。

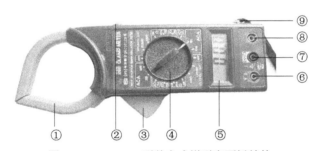

图 8-4 DM6266 型数字式钳型表面板结构

表 8-4 **DM6266 型数字钳型表面板功能说明**

图 8-4 中标号	部件名称	功 能 说 明
①	钳口	测量交流大电流的一种传感器,通过电磁原理将穿过其中的导线中的电流转换为万用表头能测量的电流。待测导体必须垂直穿过钳口中心
②	保持开关	测试完成后,按下保持开关(HOLD)可使显示屏读数处在锁定状态,测试读数还能保持,方便读数
③	钳口扳机	按压扳机,使钳口顶部张开方便导体穿过钳口,松开扳机,钳口闭合后才能读出数据
④	挡位/量程开关	用于进行功能与挡位转换
⑤	LCD 显示屏	测试结果显示
⑥	电阻/电压输入端口	测量电阻、电压时,红表笔接该端口,黑表笔接"COM"端口
⑦	公共接地端	测试公共接地端口
⑧	绝缘测试附件接口端	本表通过附加 DT261 高阻附件可进行绝缘电阻测试,插接附件时用到此端口
⑨	手提带	方便携带的提带

二、数字式钳型表的使用方法

钳型表有很多型号、种类和款式。不同厂家、不同型号的钳型表，其外壳的形状和键钮的部位也是不同的，但很多基本的键钮标记、功能和使用方法都是相同的，一般只有个别的键钮是不同的。

深入了解一个典型的钳型表键钮标记和调整方法，对于其他钳型表的使用是很有用的。这里以常用数字式钳型表为示例进行说明。

（1）交流电流测量。

1）将挡位开关旋至"AC1000A"挡。

2）保持开关（HOLD）处于松开状态。

3）按下钳口开关，钳住被测电流的一根导线（钳口夹持两根以上导线无效，而高灵敏度的霍尔式钳型表可用此方式夹两根以上导线，测量电路泄漏电流）。

4）读取数值，如果读数小于200A，挡位开关旋至"AC200A"挡，以提高准确度。如果因环境条件限制，在暗处无法直接读数，按下保持开关，拿到亮处读取。

（2）交、直流电压测量。

1）测量直流电压时，挡位开关旋至"DC1000V"挡；测量交流电压时，挡位开关旋至"AC750V"挡。

2）保持开关处于松开状态。

3）红表笔接"V/Ω"端，黑表笔接"COM"端。

4）红、黑表笔并联到被测电路。

（3）电阻测量：

1）将挡位开关旋至适当量程的电阻挡。

2）保持开关处于放松状态。

3）红表笔接"V/Ω"端，黑表笔接"COM"端。

4）红、黑表笔分别接被测电阻的两端，测在线电阻时，电路应切断电源，与电阻所连接的电容应完全放电。

（4）通断测试：

1）将挡位开关旋至"200Ω"挡。

2）红、黑表笔分别接"V/Ω"端和"COM"端。

3）如果红、黑表笔间的电阻小于几十欧姆（关于该数值，有的仪表为50Ω左右，有的为90Ω左右，不同类型的仪表有差异）时，内置蜂鸣器发声。

三、指针式钳型表的使用方法

下面以指针式钳型表为例进行介绍，如下：

步骤一：选择量程。

方法：量程要比所测电压大，同时又尽量接近。

步骤二：右手按下钳口扳机，张开两爪。

步骤三：使被测电流的导线位于爪中。

步骤四：合上两爪。

步骤五：读数。方法：与万用表测交流电压的读数方法相同。

步骤六：如果指针偏转太小，不便读数，可把导线在爪上缠绕数圈，以增大指针偏转角度。

说明：读数除以圈数，就是导线中的电流。

（1）测量前，检查钳型电流表铁芯的橡胶绝缘是否完好，钳口应清洁、无锈，闭合后无明显的缝隙。

（2）估计被测电流的大小，选择合适量程，若无法估计，应从最大量程开始测量，逐步变换。

（3）改变量程时应将钳型电流表的钳口断开。

（4）为减小误差，测量时被测导线应尽量位于钳口的中央，并垂直于钳口。

（5）测量结束，应将量程开关置于最高挡位，以防下次使用时由于疏忽未选准量程进行测量而损坏仪表。

第三节 绝缘电阻表

一、绝缘电阻表的使用方法和技巧

在电动机、电器和供电线路中，绝缘性能的好坏对电力设备的正常运行和安全用电起着至关重要的作用。表示绝缘性能的参数是电气设备本身绝缘电阻值的大小，绝缘电阻值越大，其绝缘性能越好，电气设备线路也就越安全。

前面所学万用表的欧姆挡，是在低电压条件下测量电阻值。如果用万用表来测量电气设备的绝缘电阻，其阻值一般都是无穷大。而电气设备实际的工作条件是几百伏或几千伏，在这种工况下，绝缘电阻不再是无穷大，可能会变得比较小。因此测量电气设备的绝缘电阻要根据电气设备的额定电压等级来选择仪表。绝缘电阻表是一种专用于测量绝缘电阻的直读式仪表，又称绝缘电阻测试仪。

1. 绝缘电阻表的分类和特点

常见绝缘电阻表的分类和特点详见表8-5。

表8-5　　　　　　　常见绝缘电阻表的分类和特点

类别	图　示	特　点
手摇式 绝缘电阻表		手摇式绝缘电阻表由高压手摇发电机及磁电式双动圈流比计组成，具有输出电压稳定、读数正确、噪声小、振动轻等特点，且装有防止测量电路泄漏电流的屏蔽装置和独立的接线柱。 有测试500、1000、2000V等规格（注：该电压规格是与被测电气设备的工作电压相匹配的，即1000V的绝缘电阻表宜用来测量工作电压为1000V以下的电气设备）

类别	图示	特点
电子式 绝缘电阻表	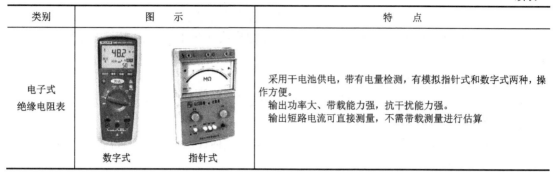 数字式　　　指针式	采用干电池供电，带有电量检测，有模拟指针式和数字式两种，操作方便。 输出功率大、带载能力强，抗干扰能力强。 输出短路电流可直接测量，不需带载测量进行估算

2. 绝缘电阻表的工作原理和面板介绍

（1）手摇式绝缘电阻表的工作原理图如图 8-5 所示，其工作原理如下：

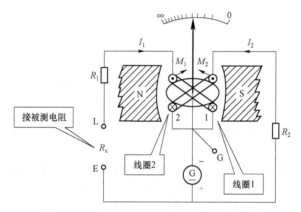

图 8-5　手摇式绝缘电阻表的工作原理图

1）摇动直流发电机的手柄，发电机两端产生较高的直流电压，线圈 1 和线圈 2 同时通电。

2）通过线圈 1 的电流 I_1 与气隙磁场相互作用产生转动力矩 M_1；通过线圈 2 的电流 I_2 也与气隙磁场相互作用产生反作用力矩 M_2，M_1 与 M_2 方向相反。

由于气隙磁场是不均匀的，所以转动力矩 M_1 不仅与线圈 1 的电流 I_1 成正比，而且还与线圈 1 所处的位置（用指针偏转角表示）有关。

在测量 R_x 时，随 R_x 的改变，I_1 改变，而 I_2 基本不变。线圈 2 主要是用来产生反作用力矩的，这个力矩基本不变。

① 当 $R_x \to 0$ 时，I_1 最大，绝缘电阻表的指针在转动力矩和反作用力矩的作用下偏转到最大位置，即 "0" 位置。

② 当 $R_x \to \infty$ 时，$I_1 \to 0$，指针在反作用力矩的作用下偏转到最小位置，即 "∞" 位置，所以绝缘电阻表可以测量 0～∞ 之间的电阻。

（2）手摇式绝缘电阻表的面板认识。

手摇式绝缘电阻表的面板上主要有三个接线端子、刻度盘和摇柄，如图 8-6 所示。

（3）电子式绝缘电阻表的工作原理。

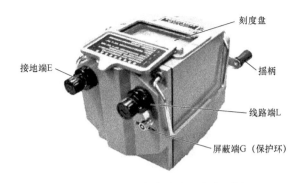

图 8-6　手摇式绝缘电阻表的面板

电子式绝缘电阻表一般由直流电压变换器将电池电压转换为直流高压作为测试电压（也有的电子式绝缘电阻表还可以将 220V 的交流市电转换为直流电压给表内电池充电），该测试电压施加于被测物体上，产生的电流经电流电压变换器转换为与被测物体绝缘电阻相对应的电压值，再经模数转换电路变为数字编码，然后经微处理器处理，由显示器显示相应的绝缘电阻值，其原理框图如图 8-7 所示。

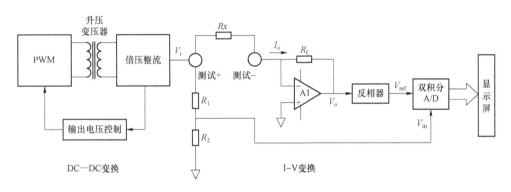

图 8-7　电子式绝缘电阻表原理框图

二、绝缘电阻表的使用方法和典型应用

1. 手摇式绝缘电阻表的使用方法

（1）将绝缘电阻表进行开路试验。具体操作是：

1）将两连接线开路，摇动手柄指针应指在无穷大处，再把两连接线短接一下，指针应指在零处。

2）在绝缘电阻表未接通被测电阻之前，摇动手柄使发电机达到 120r/min 的额定转速，观察指针是否指在标度尺"∞"的位置。如果是，说明正常，其开路试验如图 8-8 所示。

（2）将绝缘电阻表进行短路试验。具体操作方法是：将端子 L 和 E 短接，缓慢摇动手柄，观察指针是否指在标度尺的"0"位置。如果是，则为正常，如图 8-9 所示。

（3）将绝缘电阻表与被测设备进行连接，具体操作是：

1）绝缘电阻表与被测设备之间应使用单股线分开单独连接，并保持线路表面清洁干燥，避免因线与线之间绝缘不良引起误差。

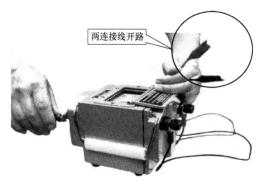

图8-8 绝缘电阻表的开路试验   图8-9 绝缘电阻表的短路试验

2）如测量电气设备内两绕组之间的绝缘电阻时，将"L"和"E"分别接两绕组的接线端。

3）如测量电缆的绝缘电阻，为消除因表面漏电产生的误差，"L"接线芯，"E"接外壳，"G"接线芯与外壳之间的绝缘层。

（4）测量。具体操作是：

1）被测设备必须与其他电源断开，测量完毕一定要将被测设备充分放电（需2～3min），以保护设备及人身安全。

2）摇测时，将绝缘电阻表置于水平位置，摇柄转动时其端子间不许短路。摇测电容器、电缆时，必须在摇柄转动的情况下才能将接线拆开，否则反充电将会损坏绝缘电阻表。

3）一手稳住摇表，另一手摇动手柄，应由慢渐快，均匀加速到120r/min，并注意防止触电（不要接触接线柱、测量表笔的金属部分），摇动过程中，当出现指针已指零时（说明被测电阻较小），就不能再继续摇动，以防表内线圈发热损坏。

（5）读数。从刻度盘上指针所指的示数读取被测绝缘电阻值大小（本次测量的绝缘电阻为20MΩ）。

同时，还应记录测量时的温度、湿度、被测设备的状况等，以便于分析测量结果（注：湿度对绝缘电阻表面泄漏电流影响较大，它能使绝缘表面吸附潮气，瓷制表面形成水膜，使绝缘电阻降低。此外还有一些绝缘材料有毛细管作用，当空气湿度较大时，会吸收较多的水分，增加电导率，也使绝缘电阻降低）。

（6）测量完毕后，给绝缘电阻表放电。测量完毕后，需将L、E两表笔对接，给绝缘电阻表放电，以免发生触电事故。

2. 电子式绝缘电阻表的应用

某电子式绝缘电阻表的面板如图8-10所示，其使用方法如下。

（1）调零：将功能选择开关设置为"OFF"，用螺丝刀调整前面板中央的调零旋钮，使指针位于"∞"刻度。

（2）检查电池：将功能选择开关旋至"BATT.CHECK"位置，按下测试开关。若指针停留于"BATT.GOOD"区域或此区域右侧，表示电池状况良好。否则，请更换电池。

注意：测试时，请勿长按或锁定测试开关。若电池充足，则会造成电能消耗（比测量绝缘电阻产生的电流大）。

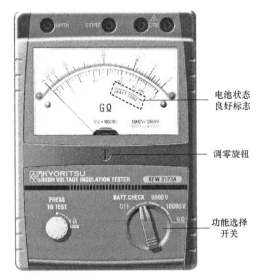

图 8-10　某电子式绝缘电阻表的面板

（3）绝缘电阻测量：将功能选择开关设置为"OFF"位置，并将被测回路（电气设备的外壳）接地。将测试线连接仪器的接地端（E）和被测回路的接地端。将测试棒（L）接触被测回路的导电部位。调节功能选择开关选择电压后，按下测试开关。绿色 LED 点亮时，读取外圈（高量程）刻度上的绝缘电阻值；若红色 LED 点亮，读取内圈（低量程）刻度值。测试结束后，解除"PRESS TO TEST"测试开关的锁定（再按一次使该开关弹起来），等待几秒后再将测试棒与被测回路断开。这是为了释放被测回路上存储的电量。

注意：按下"PRESS TO TEST"键时，请务必小心，仪器测试棒与接地端存在高压。

3. 测量电缆的绝缘性能

测量电缆的绝缘电阻时，E 端接电缆外表皮（铅套）上，L 端接线芯，G 端接线芯最外层绝缘层上，如图 8-11 所示。

注：当水分或污染物附着在电缆绝缘和线芯表面时，会有一部分电流（漏电电流）通过水分或污染物流进测量元件，给测量结果带来误差。这时，采用图 8-11 所示的接线方式进行测量，漏电电流就通过屏蔽端子线直接流回电源负极，不再流进测量元件，即不影响测量结果。这就消除了由于空气湿度大（潮湿）或电缆表面被污染等因素的影响。

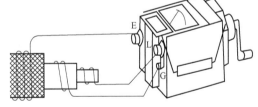

图 8-11　用绝缘电阻表测量电缆的绝缘电阻

对电气设备，如果水分或污染物附着在导电部分和绝缘部分，也需要采用同样的方法（即把屏蔽端子 G 与电气设备的绝缘层相连接）来消除测量误差。

三、绝缘电阻表的相关知识

1. 正确选用绝缘电阻表的电压等级

选择绝缘电阻表的电压等级要根据被测电气设备的额定电压等级来选择。测量 500V 以下的设备，宜选用 500V 或 1000V 的绝缘电阻表。额定电压 500V 以上的设备，应选择 1000V

或 2500V 的绝缘电阻表。常见电气设备对绝缘电阻表电压等级的选择见表 8-6。

表 8-6 　　　　　　常见电气设备对绝缘电阻表电压等级的选择 　　　　　　　单位：V

被测电气设备	被测电气设备的额定电压	所选绝缘电阻表的电压
线圈的绝缘电阻	小于 500	大于 500
	大于 500	大于 1000
电机绕组的绝缘电阻	小于 380	1000
电气设备的绝缘电阻	小于 500	500～1000
	大于 500	2500
绝缘子、母线、隔离开关		2500～5000

2. 测量绝缘性能时需测的三个物理量

（1）绝缘电阻。在绝缘结构的两个电极之间施加的直流电压值与流经该对电极的泄漏电流值之比。常用绝缘电阻表直接测得绝缘电阻值。若无说明，均指加压 1min 时的测得值。

（2）吸收比。在同一次试验中，1min 时的绝缘电阻值与 15s 时的绝缘电阻值之比。

（3）极化指数。在同一次试验中，10min 时的绝缘电阻值与 1min 时的绝缘电阻值之比。

3. 用绝缘电阻表测量绝缘电阻时，造成测量数据不准确的因素

造成用绝缘电阻表测量绝缘电阻数据不准确的因素详见表 8-7。

表 8-7 　　　　　　造成用绝缘电阻表测量绝缘电阻数据不准确的因素

编号	因素	解　释
1	电池电压不足	电池电压欠压过低，造成电路不能正常工作，所以测出的读数是不准确的
2	测试线接法不正确	① 误将"L""G""E"三端接线接错；② 误将"G""L"两端子接在被测电阻的两点；③ 误将"G""E"两端子接在被测电阻的两点
3	"G"端连线未接	被测试品由于污染、潮湿等因素造成电流泄漏引起的误差，造成测试不准确，此时必须接好"G"端连线防止泄漏电流引起误差
4	干扰过大	如果被测试品受环境电磁干扰过大，将造成仪表读数跳动，或指针晃动，造成读数不准确
5	人为读数错误	在用指针式绝缘电阻表测量时，由于人为视角误差或标度尺误差造成示值不准确
6	仪表误差	仪表本身误差过大，需要重新校对

第四节　接地电阻测试仪

设备的良好接地是设备正常运行的重要保证，设备使用的地线通常分为工作地（电源地）、保护地、防雷地，有些设备还有单独的信号地，这些地线的主要作用有：提供电源回路，保护人体免受电击，此外还可屏蔽设备内部电路免受外界电磁干扰或防止干扰其他设备。

设备接地的方式通常是埋设金属接地桩、金属网等导体，导体再通过电缆线与设备内的地线排或机壳相连。当多个设备连接于同一接地导体时，通常需安装接地排，接地排的位置

应尽可能靠近接地桩,不同设备的地线分开接在地线排上,以减小相互影响。下面介绍手摇式接地电阻测试仪的内容。

(一)测量原理

手摇式接地电阻测试仪(简称手摇式地阻仪)是一种较为传统的测量仪表,它的基本原理是采用三点式电压落差法,其测量手段是在被测地线接地桩(暂称为 X)一侧地上打入两根辅助测试桩,要求这两根测试桩位于被测地桩的同一侧,三者基本在一条直线上,距被测地桩较近的一根辅助测试桩(称为 Y)距离被测地桩 20m 左右,距被测地桩较远的一根辅助测试桩(称为 Z)距离被测地桩 40m 左右。测试时,按要求的转速转动摇把,测试仪通过内部磁电机产生电能,在被测地桩 X 和较远的辅助测试桩(称为 Z)之间"灌入"电流,此时在被测地桩 X 和辅助测试桩 Y 之间可获得一电压,仪表通过测量该电流和电压值,即可计算出被测接地桩的地阻。

(二)ZC-8 型地阻仪结构

ZC-8 型地阻仪一般由手摇交流发电机、电流互感器、检流计等组成。其面板如图 8-12 所示。接地电阻测试仪电路如图 8-13 所示。

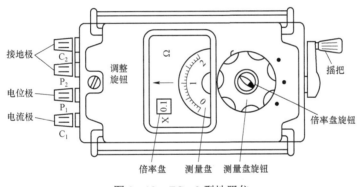

图 8-12 ZC-8 型地阻仪

(三)使用方法

1. 测量接地电阻前的准备工作及正确接线

(1)地阻仪有三个接线端子和四个接线端子两种,它的附件包括两支接地探测针、三条导线(其中 5m 长的用于接地板,20m 长的用于电位探测针,40m 长的用于电流探测针)。

(2)测量前做机械调零和短路试验,将接线端子全部短路,表位放平稳,倍率挡置于将要使用的一挡,调整刻度盘,使"0"对准下面的基线,摇动摇柄至 120r/min,检流计指针不动,则说明仪表是好的。

2. 摇测方法

(1)选择合适的倍率。

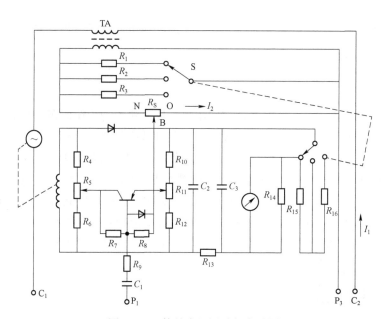

图 8－13　接地电阻测试仪电路图

（2）以 120r/min 的速度均匀地摇动仪表的摇把，旋转刻度盘，使指针指向表盘零位。

（3）读数，接地电阻值为刻度盘读数乘以倍率。

3. 测试步骤

（1）沿被测接地导体按距离，依直线方式埋设辅助探棒。依直线丈量 20m 处，埋设一根地气棒为电位极（P_1 或 P），再依直线继续丈量 20m，埋设一根气棒为电流极（C_1 或 C）如图 8－14 所示。

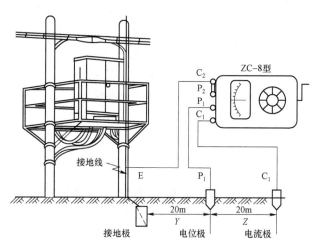

图 8－14　测试接地电阻连接方法

（2）连接测试导线：用 5m 导线连接 E（P_2）（此时 P_2 与 C_2 短路）端子与接地极，电位极用 20m 接至 P_1 端子上，电流极用 40m 接 C_1 端子上。

（3）将表放平，检查表针是否指"0"位，否则应调节到"0"位。

（4）选择适当的倍率盘值，如×0.1、×1、×10。

（5）以每分钟 120 转速摇动发电机，同时也转动测量盘直至使表针稳定在"0"位上不动为止，此时，测量盘指的刻度读数，乘以倍率读数，即为

$$被测电阻值（\Omega）=测量盘读数×倍率盘读数$$

（6）检流计的灵敏度过高时，可将 P（电位极）地气棒插入土壤中浅一些。当检流计的灵敏度过低时，可将 P 棒周围浇上一点水，使土壤湿润。但应注意，决不能浇水太多，使土壤湿度过大，这样会造成测量误差。

（7）当有雷电的时候，或被测物体带电时，应严格禁止进行测量工作。

（四）使用地阻仪的注意事项

（1）二人操作；被测量电阻与辅助接地极三点所成直线不得与金属管道或邻近的架空线路平行。

（2）在测量时被测接地极应与设备断开。

（3）地阻仪不允许做开路试验。

第五节 高 压 核 相 仪

一、概述

高压核相仪，应用于电力线路、变电站的相位校验和相序校验，具有核相、测相序、验电等功能。无线高压核相仪实物图如图 8-15 所示。

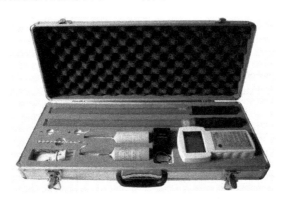

图 8-15 无线高压核相仪实物图

二、核相仪结构及其工作原理

1. 无线高压核相仪结构

无线高压核相仪主要由三部分组成：

（1）两个采集发射模块：用于电压相位采集，并将电压相位信号无线发射。

（2）显示接收模块：同时接受两个采样发射模块的无线信号，并计算两侧电压相位差，发出语音信号，并计算两侧电压相位差，发出语音信号、显示核相结果。核相仪结构示意图如图 8 – 16 所示。

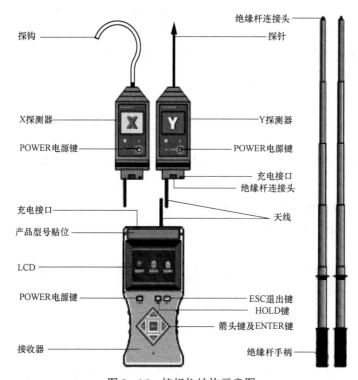

图 8 – 16　核相仪结构示意图

2. 原理图（见图 8 – 17）

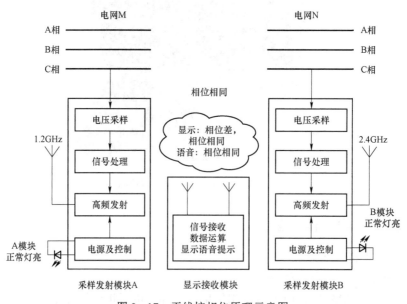

图 8 – 17　无线核相仪原理示意图

三、操作方法

（1）将绝缘杆悬在发射装置上面，发射装置灯亮表示发射装置正常。

（2）显示接收模块内置充电电池，使用前要充电。

（3）检查核相仪绝缘杆的绝缘性和伸缩性，合格后安装发射装置 A、B 各个部件。

（4）核相前应在同一电网上检测核相仪是否良好，两人操作、一人监护。操作人先将发射装置挂在电网导电体上，然后将另一发射装置与同一相导电体接触，此时仪器显示结果中的相位角应小于 30°，同时语音提示："相位相同"；然后将发射装置与另一相导电体接触，此时相位角应在 120° 左右，同时语音提示："相位不同"，若检查结果如上所述，说明核相仪完好，可进行正式核相工作。

四、注意事项

（1）现场操作必须遵守《电力安全工具预试规程》工作要求。

（2）使用前必须对仪器自检，发射器、接收器电池充足，否则影响发射及接收灵敏度。

（3）使用过程中不能大于有效接收器距离，发射器尽量置于开阔处。

第六节　配电终端测试仪

配电终端测试仪主要用于现场配电终端的检测与测试，测试终端的性能是否符合要求，且能对配电终端蓄电池的老化程度进行评估。FTT200 配电终端测试仪如图 8−18 所示。

一、功能

图 8−18　FTT200 配电终端测试仪

1. 锂电池充放电管理功能

装置的电源管理，通过锂电池工作电流与电池电压对电池剩余容量进行估算，将容量显示在屏幕上，并且具有低电量提示与警告功能。

2. 自守时功能

装置自带 RTC 守时功能。

3. "三遥"综合测试功能

手动设置电压、电流的幅值、相位、频率与开出，同时实施检测开入量的变化，一般用于测试软件输出。

4. 蓄电池测试功能

蓄电池测试功能支持蓄电池短时放电与蓄电池完全放电测试。蓄电池短时放电测试通过对蓄电池内阻的测量与容量的估算，综合评估蓄电池的老化程度；蓄电池完全放电测试通过对蓄电池完全放电并精确计算蓄电池容量，从而评估电池老化程度。

5. 遥信测试功能

测试仪发出开关量信号,用以模拟现场设备动作事件,检测配电终端遥信功能是否正常,可对遥信防抖时间、遥信风暴、遥信分辨率等进行测试。

6. 状态序列测试功能

通过编辑多组电压、电流、开出量的状态和状态持续时间,依次输出执行进行测试。通过定时输出功能,可实现多台测试仪同步输出模拟线路故障序列对多台设备动作逻辑进行测试。

7. 过流跳闸测试功能

通过编辑故障前与故障状态的参数,如电压额定值、故障电流、故障前时间与故障时间等,测试仪按照设定的状态依次输出,测试配电终端处理过流状态的响应时间。

二、面板端子介绍

FTT200 配电终端测试仪正面和背面面板端子示意图如图 8-19、图 8-20 所示,其端子编号及名称如表 8-8 所示。

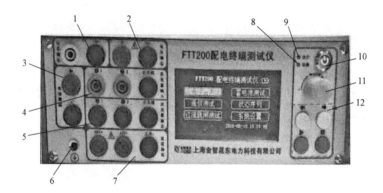

图 8-19 测试仪正面面板端子示意图

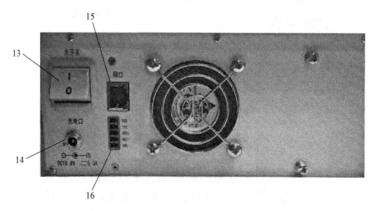

图 8-20 测试仪背面面板端子示意图

表 8-8   FTT200 配电终端测试仪端子编号及名称

编号	名　　称	编号	名　　称
1	电流输出接线端子	9	运行指示灯
2	电压输出接线端子	10	电源开关按钮
3	蓄电池测试接线端子	11	带按键的旋转编码开关
4	开入量1、2端子	12	按键输入
5	开出量1、2端子	13	电源总开关
6	装置接地端子	14	充电接口
7	直流电压输出接线端子	15	网络接口
8	故障指示灯	16	串口

三、操作使用

1. "三遥"综合测试

"三遥"综合测试主要是通过对电压、电流以及开出参数进行设置，装置输出对应电压、电流与开出量。电压与电流的幅值、相位与频率均可调，可模拟现场交流信号，用于检测现场配电终端的精度；开出量可定义为合位、分位，用于模拟现场设备的动作事件。

步骤如下：

（1）设置电压、电流参数。电压与电流的幅值、相位与频率均可通过带按键的旋钮编码开关、"←"和"→"实现。

（2）设置开出量参数。设置开出量参数时，首先按"←"和"→"或旋转编码开关将光标移动至开出1或开出2所在位置。

（3）开入状态显示。

（4）启动测试。

（5）功耗状态显示。

（6）SOE 记录。

2. 遥信测试

遥信分辨率测试步骤为：

（1）设置遥信分辨率测试参数。

（2）测试接线在测试时将测试仪的开出1与开出2连接至配电终端的开入上，且测试一开出的公共端连接至配电终端的公共端。

（3）启动测试记录数据。

（4）停止测试。

3. 过流跳闸测试步骤

（1）参数的设置：主要包括电压额定值、故障电流、故障前时间、故障时间等。

（2）测试接线：将测试仪输出的电压、电流连线连接至配电终端的遥测端子上；测试仪的开出 1 和开出 2 分别连接至配电终端的 2 路开入，并将公共端相连；测试仪的开入 1 和开入 2 分别连接至配电终端的控合与控分端子上，且将公共端相连。

（3）启动测试。

（4）查看测试信息。

（5）停止测试。

第九章

安全工器具

第一节 概　述

在电力生产工作过程中，从事不同的工作和进行不同的操作，经常要使用不同的安全工器具，以免发生人身和设备事故，如触电、高空坠落、电弧灼伤等。电力生产过程中常用的安全工器具可分为绝缘安全工器具和防护安全工器具两类。

一、绝缘安全工器具

绝缘安全工器具分为基本安全工器具和辅助安全工器具。

基本安全工器具是指绝缘强度大、能长时间承受工作电压的安全工器具，它一般用于直接操作带电设备或接触带电体进行某些特定的工作。属于这一类的安全工器具，一般包括绝缘杆、高压验电器、绝缘挡板等。

辅助安全工器具是指那些绝缘强度不足以承受电气设备或导体的工作电压，只能用于加强基本安全工器具的保安作用。属于这一类的安全工器具一般指绝缘手套、绝缘靴、绝缘鞋、绝缘垫、绝缘台等。辅助安全工器具不能直接接触电气设备的带电部分，一般用来防止设备外壳带电时的接触电压、高压接地时跨步电压等异常情况下对人身产生的伤害。

二、安全防护用具

安全防护用具是指那些本身没有绝缘性能，但可以保护工作人员不发生伤害的用具，如接地线、安全帽、护目镜等。此外，登高用的梯子、踏板、安全带等也属于安全防护用具。

第二节　基本安全工器具的使用

一、绝缘操作杆、绝缘棒

绝缘操作杆主要用来接通或断开跌落熔断器开关、刀闸。绝缘棒主要用于安装和拆除临时接地线，以及带电测量和试验等工作。

绝缘操作杆、绝缘棒由工作部分、绝缘部分和握手部分组成。工作部分一般由金属或具有较大机械强度的绝缘材料制成，一般不宜过长，在满足工作需要的情况下，长度不宜超过5～8mm，以免过长时操作发生相间或接地短路。绝缘部分和握手部分一般是由环氧树脂管制成，绝缘杆的杆身要求光洁、无裂纹或损伤，其长度根据工作需要、电压等级和使用场所而定。绝缘操作杆、绝缘棒如图 9-1 所示。

图 9-1　绝缘操作杆、绝缘棒

1. 使用和保管

（1）使用绝缘操作杆、绝缘棒时，操作人应戴绝缘手套。

（2）下雨天用绝缘操作杆、绝缘棒在高压回路上工作，还应使用带防雨罩的绝缘杆。

（3）使用绝缘操作杆、绝缘棒工作时，操作人应选择好合适的站立位置，保证工作对象在移动过程中与相邻带电体保持足够的安全距离。

（4）使用绝缘棒装拆地线等较重的物体时，应注意绝缘杆受力角度，以免绝缘杆损坏或绝缘杆所挑物件失控落下，造成人员和设备损伤。

（5）用绝缘操作杆、绝缘棒前，应首先检查试验合格标志，超期禁止使用；然后检查其外表干净、干燥、无明显损伤，不应沾有油物、水、泥等杂物。使用后要把绝缘杆清擦干净，存放在干燥的地方，以免受潮。

（6）绝缘操作杆、绝缘棒应保存在干燥的室内，并有固定的位置，不能与其他物品混杂存放。

2. 检查与试验

（1）绝缘操作杆、绝缘棒每月外观检查一次，建立专用的外观检查记录本。

（2）使用前检查其表面无裂纹、机械损伤，联结部件使用灵活可靠。

（3）每年进行预防性试验。

二、高压验电器

高压验电器是检验正常情况下带高电压的部位是否有电的一种专用安全工器具，如图 9-2 所示。

1. 声光式验电器结构

声光式验电器由验电接触头、测试电路、电源、报警信号、试验开关等部分组成。

2. 工作原理

验电接触头接触到被试部位后，被测试部分的电信号传送到测试电路，经测试电路判断，被测试部分有电时验电器发出音响和灯光闪烁信号报警，无电时没有任何信号指示。为检查指示器工作是否正常，设有一试验开关，按下后能发出音响和灯光信号，表示指示器工作正常。

图 9-2　高压验电器

3. 使用方法及注意事项

（1）使用前，按被测设备的电压等级，选择同等电压等级的验电器。

（2）检查验电器绝缘杆外观完好，按下验电器头的试验按钮后声光指示正常（伸缩式绝缘操作杆要全部拉伸开检查）。其后操作人手握验电器护环以下的部位，不准超过护环，逐渐靠近被测设备，一旦同时有声光指示，即表明该设备有电，否则设备无电。

（3）在已停电设备上验电前，应先在同一电压等级的有电设备上试验，检查验电器指示正常。

（4）每次使用完毕，应收缩验电器杆身及时取下显示器，并将表面尘埃擦净后放入包装袋（盒），存放在干燥处。

（5）超过试验周期的验电器禁止使用。

（6）操作过程中操作人应按《电力安全工作规程》要求保持与带电体的安全距离。

（7）每年进行预防性试验。

4. 常见故障原因及处理方法（见表 9-1）

表 9-1　　　　　　　　　高压验电器常见故障原因及处理方法

故障特征	处理方法
电源接触不良	调整接触部位
电池能量耗尽	更换电池
内部元件故障	更换验电头

三、低压验电器

低压验电器又称试电笔或电笔，它的工作范围是在 100～500V 之间，氖管灯光亮时表明被测电器或线路带电，也可以用来区分火（相）线和地（中性）线，此外还可用它区分交、直流电。当氖管灯泡两极附近都发亮时，被测体带交流电；当氖管灯泡一个电极发亮时，被测体带直流电。

使用方法及注意事项：

（1）使用时，手拿验电笔，用一个手指触及笔杆上的金属部分，金属笔尖顶端接触被检查的测试部位，如果氖管发亮则表明测试部位带电，并且氖管越亮，说明电压越高。

（2）低压验电笔在使用前要在确知有电的地方进行试验，以证明验电笔确实工作正常。

（3）阳光照射下或光线强烈时，氖管发光指示不易看清，应注意观察或遮挡光线照射。

（4）验电时人体与大地绝缘良好时，被测体即使有电，氖管也可能不发光。

（5）低压验电笔只能在 500V 以下使用，禁止在高压回路上使用。

（6）验电时要防止造成相间短路，以防电弧灼伤。

四、绝缘夹钳

绝缘夹钳是用来安装和拆卸高、低压熔断器或执行其他类似工作的安全工具，如图 9-3

图 9-3　绝缘夹钳

所示。

绝缘夹钳由工作钳口、绝缘部分、握手部分组成。

1. 使用和保管注意事项

（1）不允许用绝缘夹钳装地线，以免在操作时，由于接地线在空中摆动造成接地短路和触电事故。

（2）下雨天气只能使用专用的防雨绝缘夹钳。

（3）操作人员工作时，应戴护目眼镜、绝缘手套、穿绝缘靴（鞋）或站在绝缘台（垫）上，手握绝缘夹钳要精力集中并保持身体平衡，同时注意保持人身各部位与带电部位的安全距离。

（4）夹钳要存放在专用的箱子或柜子里，以防受潮或损坏。

2. 试验与检查

绝缘夹钳应每年试验一次，其耐压标准按《电力安全工作规程》规定执行，并登记记录。

第三节　辅助安全工器具的使用

一、绝缘手套

绝缘手套是在高压电气设备上进行操作时使用的辅助安全工器具，如用来操作高压隔离开关、高压跌落开关，装拆接地线，在高压回路上验电等工作。在低压交直流回路上带电工作，绝缘手套也可以作为基本用具使用，如图 9-4 所示。

图 9-4　绝缘手套

绝缘手套用特殊橡胶制成，其试验耐压分为 12kV 和 5kV 两种，12kV 绝缘手套可作为 1kV 以上电压的辅助安全工器具及 1kV 以下电压的基本安全工器具。5kV 绝缘手套可作为 1kV 以下电压的辅助安全工器具，在 250V 以下时作为基本用具。

1. 使用及保管注意事项

（1）每次使用前应进行外部检查，查看表面有无损伤、磨损、破漏、划痕等。如有砂眼漏气情况，禁止使用。检查方法是，手套内部进入空气后，将手套朝手指方向卷曲，并保持密闭，当卷到一定程度时，内部空气因体积压缩压力增大，手指膨胀，细心观察有无漏气，漏气的绝缘手套不得使用。

（2）用绝缘手套，不能抓拿表面尖利、带电刺的物品，以免损伤绝缘手套。

（3）绝缘手套使用后应将沾在手套表面的脏污擦净、晾干。

（4）绝缘手套应存放在干燥、阴凉、通风的地方，并倒置在指型支架或存放在专用的柜内，绝缘手套上不得堆压任何物品。

（5）绝缘手套不准与油脂、溶剂接触，合格与不合格的手套不得混放一处，以免使用时造成混乱。

（6）每半年进行预防性试验。

2. 使用绝缘手套常见的错误

（1）不做漏气检查，不做外部检查。

（2）单手戴绝缘手套或有时戴有时不戴。

（3）把绝缘手套缠绕在隔离开关操作把手或绝缘杆上，手抓绝缘手套操作。

（4）手套表面严重脏污后不清擦。

（5）操作后乱放，也不做清抹。

（6）试验标签脱落或超过试验周期仍使用。

二、绝缘靴

绝缘靴的作用是使人体与地面保持绝缘，是高压操作时使用人用来与大地保持绝缘的辅助安全工器具，可以作为防跨步电压的基本安全工器具。

使用及保管注意事项：

（1）绝缘靴不得当作雨鞋或作其他用，一般胶靴也不能代替绝缘靴使用。

（2）绝缘靴在每次使用前应进行外部检查，表面应无损伤、磨损、破漏、划痕等，有破漏、砂眼的绝缘靴禁止使用。

（3）存放在干燥、阴凉的专用柜内，其上不得放压任何物品。

（4）不得与油脂、溶剂接触，合格与不合格的绝缘靴不准混放，以免使用时拿错。

（5）每半年进行预防性试验。

（6）超试验期的绝缘靴禁止使用。

第四节　防护安全工器具的使用与管理

为了保证电力工人在生产中的安全与健康，除在作业中使用基本安全工器具和辅助安全工器具以外，还必须使用必要的防护安全工器具，如安全带、安全帽、防毒用具、护目镜等，这些防用具是防护现场作业人员高空坠落，物体打击、电弧灼伤、人员中毒、有毒气体中毒等伤害事故的有效措施，是其他安全工器具所不能取代的。

一、安全带

安全带是高空作业人员预防高空坠落伤亡事故的防护用具，在高空从事安装、检修、施工等作业时，为预防作业人员从高空坠落，必须使用安全带予以保护。

安全带是由护腰带、围杆带（绳）、金属挂钩和保险绳组成。保险绳是高空作业时必备的人身安全保护用品，通常与安全带配合使用。常用的保险绳有 2、3、5m 三种。

1. 使用和保管注意事项

（1）每月进行一次外观检查，作好记录。

（2）每次使用前必须进行外观检查，凡发现破损、伤痕、金属配件变形、裂纹、销扣失灵、保险绳断股者，禁止使用。

（3）安全带应高挂低用或水平拴挂。高挂低用就是将安全带的保险绳挂在高处，人在下面工作。水平拴挂就是使用单腰带时，将安全带系在腰部，保险绳挂钩和带同一水平的位置，人和挂钩保持差不多等于绳长的距离，禁止低挂高用。

（4）安全带上的各种附件不得任意拆除或不用，更换新保险绳时要有加强套，安全带的正常使用期限为 3～5 年，发现损伤应提前报废换新。

（5）安全带使用和保存时，应避免接触高温、明火和酸等腐蚀性物质，避免与坚硬、锐利的物体混放。

（6）安全带可以放入温度较低的温水中，用肥皂、洗衣粉水轻轻擦洗，再用清水漂洗干净然后凉干，不允许浸入高温热水中，以及在阳光下曝晒或用火烤。

（7）每半年进行预防性试验。

2. 安全带常用的使用错误

（1）使用前不对安全带作外观检查。

（2）作业移位后忘记使用。

（3）安全带缺少附件或局部损伤。

（4）未经定期试验仍在使用。

（5）保险绳接触高温、明火和酸类、腐蚀性溶液物质，以及有锐利尖角的物质。

二、安全帽

安全帽（见图 9-5）是用来保护使用者头部或减缓外来物体冲击伤害的个人防护用品，在工作现场戴安全帽可以预防或减缓高空坠落物体对人员头部的伤害，在高空作业现场的人员，可防止工作时人员与工具器材及构架相互碰撞而头部受伤，或杆塔、构架上工作人员失落的工具、材料击伤地面人员。因此，无论高空作业人员或配合人员都就应戴安全帽。

图 9-5 安全帽

1. 防护原理

（1）使冲击力传递分布在头盖骨的整个面积上，避免打击一点。

（2）头与帽顶的空间位置构成一个能量吸收系统，可起到缓冲作用，因此可减轻或避免伤害。

2. 安全帽结构

由帽壳、帽衬、下颚带、吸汗带、通气孔组成。

3. 使用安全帽注意事项

（1）使用完好无破损的安全帽。

（2）系紧下颚带，以防止工作过程中或外来物体打击时脱落。

（3）帽衬完好。帽衬破损后，一旦随意外打击时，帽衬失去或减少了吸收外部能量的作用，安全帽就不能很好地保护戴帽人。

（4）每隔两年半（30个月）进行破坏性试验。

（5）破损、有裂纹的安全帽应及时更换。

（6）玻璃钢安全帽的正常使用寿命为4～5年；塑料安全帽的正常使用寿命为2.5～3年。

三、脚扣

脚扣（见图 9-6）是攀登水泥电杆的主要工具之一，用脚扣的半圆环和根部装有橡胶套或橡胶垫来防滑。

脚扣可根据电杆的粗细不同，选择大号或小号，使用脚扣登杆应经过训练，才能达到保护作用，使用不当也会发生人身伤亡事故。

使用注意事项：

（1）使用前应做外观检查，检查各部位是否有裂纹、腐蚀、开焊等现象。若有，不得使用。平常每月还应进行一次外表检查。

（2）登杆前，使用人应对脚扣做人体冲击检验，方法是将脚扣系于电杆离地 0.5m 左右处，借人体重量猛力向下蹬踩，脚扣及脚套不应有变形及任何损坏后方可使用。

（3）按电杆的直径选择脚扣大小，并且不准用绳子或电线代替脚扣绑扎鞋子。

图 9-6　脚扣

（4）登杆时必须与安全带配合使用以防登杆过程发生坠落事故。

（5）脚扣不准随意从杆上往下摔扔，作业前后应轻拿轻放，并妥善存放在工具柜内。

（6）每年进行预防性试验。

四、携带型接地线

当对高压设备进行停电检修或有其他工作时，为了防止检修设备突然来电或邻近带电高压设备产生的感应电压对工作人员造成伤害，需要装设携带型接地线（见图9-7），停电设备上装设接地线还可以起到放尽剩余电荷的作用。

1. 九种"突然来电"的情况

（1）带电线路断线搭接；

（2）误操作引起误送电；

（3）平行线路感应电；

（4）雷击线路感应电；

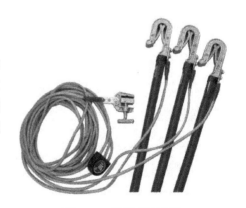

图 9-7　携带型接地线

（5）用户发电机倒送电；

（6）配电变压器低压侧反送电；

（7）用户双电源闭锁装置失灵反送电；

（8）电压互感器反送电；

（9）开关、刀闸误碰触、误动作合闸。

2．结构组成

（1）线夹：起到接地线与设备的可靠连接作用。

（2）多股软铜线：应承受工作地点通过的最大短路电流，同时应有一定的机械强度，载面不得小于 35mm²，多股软铜线套的透明塑料外套起保护作用。

（3）多股软铜线截面的选择应按接地线所用的系统短路容量而定，系统越大，短路电流越大，所选择的接地线截面也越大。

（4）接地端：起接地线与接地网的连接作用，一般是用螺丝紧固或接地棒。接地棒打入地下深度不得小于 0.6m。

3．装拆顺序

装设接地线必须先接地端，后挂导体端，且必须接触良好，拆接地线必须先拆导体端，后拆接地端。

4．使用和保管注意事项

（1）接地线的线卡或线夹应能与导体接触良好，并有足够的夹紧力，以防通过短路电流时，由于接触不良而熔断或因电动力的作用而脱落。

（2）检查接地铜线和三根短铜线的连接是否牢固。

（3）拆接地线必须由两人进行，装接地线之前必须验电，操作人要戴绝缘手套和使用绝缘杆。

（4）接地线每次使用前应进行详细检查，检查螺丝是否松脱，铜线有无断股，线夹是否好用等。

（5）接地线必须使用专用线夹固定在导线上，严禁用缠绕的方法进行接地或短路。

（6）每组接地线均应编号，并存放在专用工器具房（柜），对应位置编号存放。接地线号码与存放位置号码必须一致，以免发生误拆或漏拆接地线造成事故。

（7）接地线在承受过一次短路电流后，一般应整体报废。

（8）每年进行工频耐压预防性试验。

（9）每 5 年进行成组直流电阻试验。

五、梯子

梯子是工作现场常用的登高工具，分为直梯和人字梯两种，直梯和人字梯又分为可伸缩型和固定长度型，一般用竹子、环氧树脂等高强绝缘材料制成。每半年进行静负荷预防性试验。

竹、木梯各构件所用的木质应符合 GB 50005—2003《木结构设计规范》的选材标准，梯子长度不应超过 5m，梯梁截面不小于 30～80mm²。直梯踏板截面不小于 40～50mm²，踏板间距在 275～300mm 之间，最下一个踏板宽度不小于 300mm，与两梯梁底端距离均为

275mm。

梯子的上、下端两脚应有胶皮套等防滑、耐用材料，人字梯应在中间绑扎两道防止自动滑开的防滑拉绳。

作业人员在梯子上正确的站立姿势是：一只脚踏在踏板上，另一条腿跨入踏板上部第三格的空挡中，脚钩着下一格踏板。

1. 登梯作业注意事项

（1）为了避免梯子向背后翻倒，其梯身与地面之间的夹角不大于80°，为了避免梯子后滑，梯身与地面之间的夹角不得小于60°。

（2）使用梯子作业时一人在上工作，一人在下面扶稳梯子，不许两人上梯，不许带人移动梯子。

（3）伸缩梯调整长度后，要检查防下滑铁卡是否到位起作用，并系好防滑绳。

（4）在梯子上作业时，梯顶一般不应低于作业人员的腰部，或作业人员在距梯顶不小于1m的踏板上作业，以防朝后仰面摔倒。

（5）人字梯使用前防自动滑开的绳子要系好，人在上面作业时不准调整防滑绳长度。

（6）在部分停电或不停电的作业环境下，应使用绝缘梯。

（7）在带电设备区域中，距离运行设备较近时，严禁使用金属梯。超过4m长的梯子应由两人平抬，不准一人肩扛梯子，以免人身接触电气设备发生事故。

2. 使用梯子常见的错误行为

（1）梯子太短，梯子放在椅子、木箱上进行工作。

（2）梯子靠墙角度太大或太小。

（3）人站在梯子最顶端工作。

（4）人字梯无防止开滑的保险绳。

（5）梯头、梯脚无防滑套或防滑套破损。

（6）人骑在人字梯上工作。

（7）人在梯上，下面的人移动梯子。

（8）两人同时登梯工作。

（9）使用有损伤、未经预试合格的梯子。

（10）携带物品过大，抓扶不牢。

（11）梯子使用时超过承载能力。

第五节 安全工器具的管理

安全工器具管理应有安全工器具管理制度，登记造册，实行编号、定位存放，定期预防性试验和外观检查，专人管理。

安全工器具应设专用的安全工器具室存放，并具备干燥、通风条件，安全工器具不应与其他用途的房间合用。对安全工器具的每月外观检查情况应记录在专用记录簿内。

班组的安全工器具可设专用的工具柜存放，绝缘工器具禁止与其他施工机具、材料混放。

安全工器具必须按规程规定进行定期试验或检查，对有问题的安全工器具能修复的应及时维修，不能修复的应及时更换补充，有问题或报废的安全工器具不准与正常使用的安全工器具混放。

参 考 文 献

[1] 国家电网公司. 配电线路运行. 北京：中国电力出版社，2010.

[2] 国家电网公司. 配电线路检修. 北京：中国电力出版社，2010.

[3] 国家电网公司. 农村配电. 北京：中国电力出版社，2010.

[4] 山西省电力公司. 架空线路运行与维护. 北京：中国电力出版社，2012.